Bibliographic information published by the German National Library:

The German National Library lists this publication in the National Bibliography; detailed bibliographic data are available on the Internet at http://dnb.dnb.de .

Imprint:

Print and binding: Books on Demand GmbH, Norderstedt Germany
ISBN: 9783668648968

This book at GRIN:

https://www.grin.com/document/383180

Albert Gomez Villarroya

Model de flux subterrani per a l'aqüífer al·luvial superior del Baix Fluvià

GRIN Verlag

MODEL DE FLUX SUBTERRANI PER A L'AQÜÍFER AL·LUVIAL SUPERIOR DEL BAIX FLUVIÀ

Autor: Albert Gómez Villarroya

MÀSTER EN CIÈNCIA I TECNOLOGIA DE L'AIGUA

Treball final de Màster

Girona, Juliol 2016

ÍNDEX

LLISTAT DE FIGURES

LLISTAT DE TAULES

RESUM

En aquest treball final de màster s'ha realitzat un model numèric de flux subterrani per l'aqüífer al·luvial superior del Baix Fluvià, per tal de caracteritzar-lo hidrogeològicament, millorar el coneixement del seu funcionament i establir la dinàmica de flux de la relació entre el riu i l'aqüífer. Finalment, s'ha preparat un marc de treball on, poder avaluar la vulnerabilitat de l'aqüífer i emprar-lo en la seva gestió.

Per a la caracterització hidrogeològica de l'aqüífer, s'ha elaborat un model conceptual basat en dades de camp i en la informació bibliogràfica disponible. S'ha considerat que la formació aqüífera estudiada és de tipus lliure i està constituïda per un medi granular d'origen al·luvial, amb una potència d'uns 17 m. La informació sobre els paràmetres hidrogeològics s'ha extret dels assajos de bombament existents. La zona ha estat dividida en diferents sectors en funció de la geologia i litologia del subsòl. La recàrrega s'ha establert a partir de les dades meteorològiques mitjanes i les extraccions a partir de la dotació de reg. Amb la informació del model conceptual s'ha elaborat el model numèric de flux. Aquesta actuació ha estat realitzada mitjançant el programari Visual Modflow, versió 4.3.

La realització del model numèric de flux de l'aqüífer al·luvial superior del Baix Fluvià ha permès reproduir, de forma aproximada, la variació els nivells hidràulics de la zona d'estudi. Conseqüentment, tant el balanç de massa dels diversos components del sistema, el qual ha servit per identificar la importància de cada un d'ells, com la relació durant el període d'un any, entre el riu i l'aqüífer, a través de l'àrea d'estudi, són també indicatives. Aquest fet mostra, que cal encara un major esforç de calibració, destinat a precisar la magnitud i ubicació concreta de les extraccions, valorar la recàrrega i evapo-transpiració real i afinar les condicions inicials, a fi d'assolir una simulació apropiada per a representar el sistema de flux de forma acceptable. Amb tot, el model presentat reprodueix adequadament el sistema hidrogeològic i aporta un coneixement preliminar sobre la seva dinàmica.

ABSTRACT

This master's thesis consist in a groundwater numerical flow model of the upper alluvial aquifer in the last part of the Fluvià river, with the aim of characterize its hydrogeological features, improve the knowledge of its water balance and determine the type and magnitude of the relationship between river and aquifer. Finally, this thesis sets up a framework to evaluate aquifer vulnerability as a tool for groundwater management.

For the hydrogeological characterization of the upper alluvial aquifer of the river Fluvià, a conceptual model has been developed based on available field data and bibliographic information. It has been considered that this aquifer formation forms an unconfined aquifer in a granular medium of alluvial origin, with a thickness of 17 m. The information of hydrogeological parameters is taken of existing pumping tests. The area has been divided into different sectors based on geology and subsurface lithology. Recharge established based on average meteorological data and withdrawals from mean irrigation rates. The numerical model uses the software Visual Modflow version 4.3.

Simulations allow an approximate reproduction of the flow field, and the hydraulic head distribution. Consequently, the aquifer mass balance and the relationship stream-aquifer are also indicatives. A major effort are required to quantify irrigation demand, recharge data, precipitation as well as actual evapotranspiration, and initial condition is still needed to end up with an acceptable numerical model. Nevertheless, the numerical model provides a valuable preliminary attempt to reproduce the Baix Fluvià system and its results give a valuable insight of its hydrological dynamics.

RESUMEN

En este trabajo final de máster se ha realizado un modelo numérico de flujo subterráneo para el acuífero aluvial superior del Bajo Fluvià, con el fin de caracterizarlo hidrogeológicamente, mejorar el conocimiento de su funcionamiento y establecer la dinámica de flujo de la relación entre el río y el acuífero. Finalmente, se ha preparado un marco de trabajo donde evaluar la vulnerabilidad del acuífero y emplearlo en su gestión.

Para la caracterización hidrogeológica del acuífero, se ha elaborado un modelo conceptual basado en datos de campo y en la información bibliográfica disponible. Se ha considerado que la formación acuífera estudiada es de tipo libre y está constituida por un medio granular de origen aluvial, con una potencia de unos 17 m. La información sobre los parámetros hidrogeológicos se ha extraído de los ensayos de bombeo existentes. La zona ha sido dividida en diferentes sectores en función de la geología y litología del subsuelo. La recarga se ha establecido a partir de los datos meteorológicos medios y las extracciones a partir de la dotación de riego. Con la información del modelo conceptual se ha elaborado el modelo numérico de flujo. Esta actuación ha sido realizada mediante el software Visual MODFLOW, versión 4.3.

La realización del modelo numérico de flujo del acuífero aluvial superior del Bajo Fluvià ha permitido reproducir la variación los niveles hidráulicos de la zona de estudio de forma aproximada. Consecuentemente, tanto el balance de masa de los diversos componentes del sistema, identificando la importancia de cada uno de ellos, como la relación entre el río y el acuífero a través del área de estudio, son también indicativas. Con lo que se requiere un esfuerzo de calibración mayor destinado a precisar la magnitud y ubicación concreta de las extracciones, valorar la recarga y evapo-transpiración real y afinar las condiciones iniciales, a fin de lograr una simulación apropiada para representar el sistema de flujo de forma aceptable. Con todo, el modelo presentado reproduce adecuadamente el sistema hidrogeológico y aporta un conocimiento preliminar sobre su dinámica.

1. INTRODUCCIÓ

1.1. Problemàtica general i utilitat dels models numèrics

En moltes parts del món, donat el fort increment de població de les últimes dècades, els recursos hídrics subterranis estan sota una amenaça creixent, a causa de l'augment en la seva demanda, el malbaratament en el seu ús i la seva contaminació. Aquests factors estan produint problemes de sobreexplotació, tals com un descens continuat del nivell freàtic, un deteriorament de la seva qualitat, un augment del cost de l'extracció de l'aigua i danys ecològics. En conseqüència, l'escassetat d'aigua dolça i la seva contaminació ocupen respectivament el segon i tercer lloc entre els principals problemes ambientals mundials (PNUMA, 1999).

Per tal de fer front a aquesta situació, en l'actualitat es tendeix a desenvolupar sistemes de maneig integrat de l'aigua subterrània. Aquesta tasca comporta modelar el règim de flux d'aigua subterrània mitjançant models numèrics de flux, ja que aquests ofereixen una gran i potent plataforma per integrar dades, interpretar el moviment del flux d'aigua subterrània i realitzar el balanç hídric d'un aqüífer (Custodio, 2002). Concretament, els models numèrics de flux permeten simular, de forma conjunta, els diversos impactes que afecten als recursos hídrics subterranis d'una zona determinada i seleccionar quin efecte o magnitud té cada factor. Això permet escollir la millor opció per solucionar el problema (Mercer i Faust, 1980).

1.2. El cas d'estudi de l'aqüífer al·luvial superior del Baix Fluvià

En aquest treball es presenta l'estudi detallat de la dinàmica hidrogeològica de l'aqüífer al·luvial superior del Baix Fluvià. Aquest resulta d'elevat interès, ja que en l'actualitat, en aquesta formació s'hi han identificat, per una banda, una forta explotació dels seus recursos per tal de satisfer la demanda dels usos agrícoles i urbans que es desenvolupen sobre seu; i per altre banda, una important pèrdua de qualitat de les seves aigües, relacionada amb l'aplicació de productes fitosanitaris i fertilitzants d'origen ramaders (Boy-Roura *et al.*, 2013).

Atesos els problemes de sobreexplotació i contaminació que s'estan produint sobre l'aqüífer al·luvial superior del Baix Fluvià, l'objectiu d'aquest treball és analitzar, de forma preliminar, tant conceptual com numèrica, la seva dinàmica hidrogeològica, per tal de poder obtenir una informació veraç del seu funcionament hidrodinàmic, i així poder proposar actuacions eficaces de cara a aportar solucions a aquests problemes. Aquest treball, es tracta doncs, del primer assaig de modelització numèrica de flux realitzat a l'aqüífer superior del Baix Fluvià.

Aquest estudi es desenvolupa en el context del projecte PERSIST (JPI-Water, 2013-118) i del projecte REMEDIATION (CGL2014-57215-C4-2-R).

1.3. Localització geogràfica i context geològic

Geogràficament la zona d'estudi es troba situada al nord-est de la Península Ibèrica, a la comarca de l'Alt Empordà, i més concretament a la conca de l'Empordà en el tram baix del riu Fluvià, el qual s'anomena Baix Fluvià (Figura 1).

Figura 1.- Localització de la zona d'estudi.
Font: Base topogràfica ICGC amb modificacions pròpies.

Pel que fa al context geològic general de la zona estudiada, aquesta es troba dins el context del rift europeu, el qual està definit principalment per un sistema de falles de tipologia normal i de geometria lística, d'orientació NO-SE, amb uns salts mitjans en el pla de falla de l'ordre de

1000 m. Al llarg del temps aquestes falles juntament amb altres processos geològics, han anat modelant les conques de la zona estudiada, les quals actualment es troben reblertes amb sediments sintectònics majoritàriament neògens i quaternaris (Picart *et al.,* 1996; Saula *et al.,* 1994).

Durant el Pleistocè i Holocè es va produir a la zona un període d'erosió i moviments de falles normals, i es va anar reomplint la zona amb sediments neògens i quaternaris d'origen continental, que són els que van formar l'actual plana al·luvial formada per sediments dipositats pel propi riu Fluvià i el riu Muga (Montaner *et al.,* 1995; Soler *et al.,* 2014).

De forma detallada, dins d'aquest context geològic, la zona d'estudi es troba situada a la fosa de l'Empordà, la qual es va originar durant l'etapa distensiva posterior a la orogènesis alpina que havia donat lloc durant el Paleogen a la formació dels Pirineus. Dins de la fosa de l'Empordà, l'àrea d'estudi es troba a la zona anomenada depressió de l'Alt Empordà, i més concretament dins d'aquesta depressió, es troba localitzada a la cubeta de Riumors (Figura 2; Soler *et al.,* 2014).

Les unitats geològiques més importants que la rodegen són; al nord la zona axial pirenaica, a l'oest el sistema de Serralades Transversals i al sud les Serralades Costaneres Catalanes. A més, per la banda est, la zona d'estudi està delimitada pel mar Mediterrani.

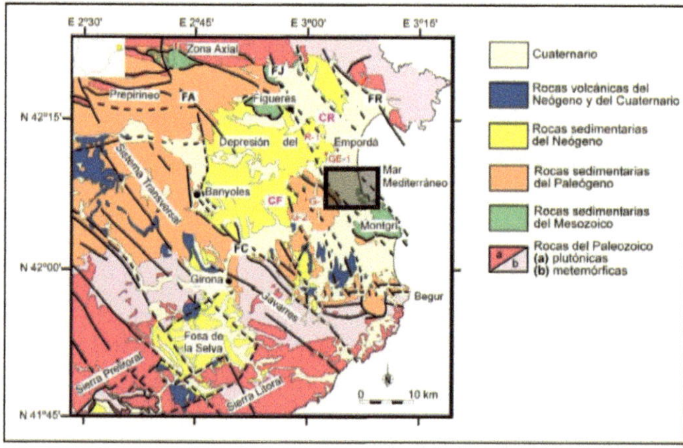

Figura 2.- Context geològic regional i zona d'estudi (quadre negre ombrejat). Les sigles al mapa es refereixen a la cubeta de Fellines (CF) i de Riumors-Roses (CR); així com a les principals falles: FA: falla d'Albanyà, FC: falla de Camós-Celrà, FJ: falla de la Jonquera, FR: Falla de Roses; i els principals sondejos: G-1: Girona-1, G-2: Girona-2, GE-1: Geot-1, R-1: Riumors-1.

Font: Soler et al., (2014); amb modificacions pròpies.

Pel que fa al riu Fluvià, aquest és un curs fluvial prepirinenc, que té la seva capçalera al massís del Puigsacalm i un recorregut d'uns 70 km amb una direcció general est-oest. Drena una superfície de 1125 km^2 i desemboca al mar Mediterrani. El seu règim és pot definir com pluvial i, per tant, amb uns ritmes d'oscil·lació propis dels rius mediterranis. La zona d'estudi es troba situada a la desembocadura del riu, on aquest dóna lloc a una plana fluvio-deltaica formada per sediments quaternaris dipositats pel mateix riu. El cabal mitjà del riu en aquest tram és de 3.68 m^3/s (ACA, 2015).

1.4. Interpretació de la informació geològica

Mitjançant una anàlisi detallada de la informació geològica corresponent a l'àrea d'estudi (ICC, 1995; ICC, 1996; ICGC-ACA, 2014), hom va situar i delimitar els materials que afloraven en superfície, quina potència presentaven i com es trobaven disposats al subsòl cadascun d'ells (Figura 3 i 4). Posteriorment, a partir d'aquesta informació es van delimitar les zones corresponents als materials amb diferents característiques geològiques, respecte als paràmetres de porositat i conductivitat hidràulica.

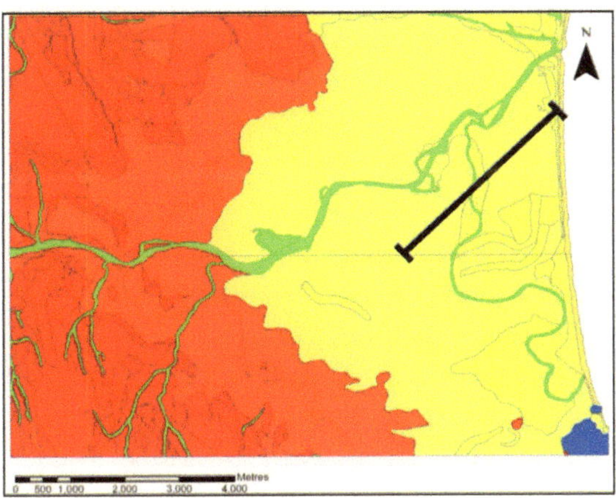

Figura 3.- Mapa geològic de la zona d'estudi. Les zones situades al nord-oest i sud-oest, marcades en colors vermells corresponen a materials neògens i sediments quaternaris antics (Plistocè). Les zones central i est, marcades amb colors grocs, corresponen a materials quaternaris fluvio-deltaics moderns, bàsicament holocens. La zona de color blau situada al sud-est correspon a materials del Cretàcic superior. Les zones verdes corresponen a la llera ordinària del riu. La línia negra indica la situació del tall topogràfic presentat a la figura 5.

Font: Base topogràfica ICGC amb modificacions pròpies.

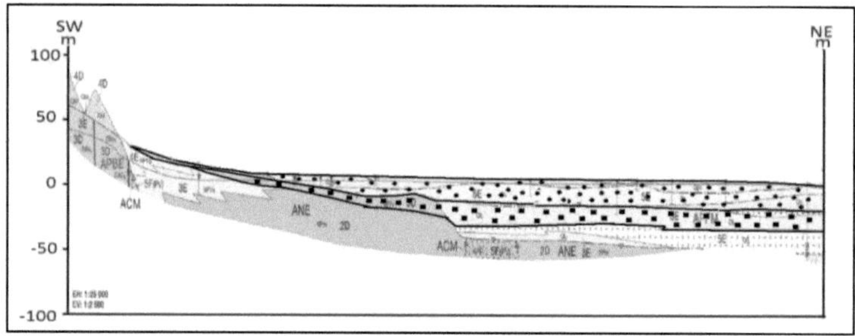

Figura 4.- Tall topogràfic dels materials localitzats a la zona d'estudi. La trama de punts negres delimita l'aqüífer superior. La trama de quadrats negres delimita l'aqüífer profund.

Font: ICGC-ACA (2014), amb modificacions pròpies.

1.5. Hidrogeologia de la zona d'estudi

En termes hidrogeològics, la zona d'estudi es troba localitzada dins de la massa d'aigua anomenada fluvio-deltaic del Fluvià i la Muga (ACA, 2004; Figura 5), la seva tipologia litològica dominant és al·luvial. Aquesta compren aqüífers lliures i confinats, amb predomini dels lliures. La part més oriental de la zona d'estudi es tracta d'una zona litoral amb risc d'intrusió salina. Malgrat la variabilitat geològica espacial i en profunditat, la circulació predominant en aquest medi porós es considera bàsicament de tipus horitzontal.

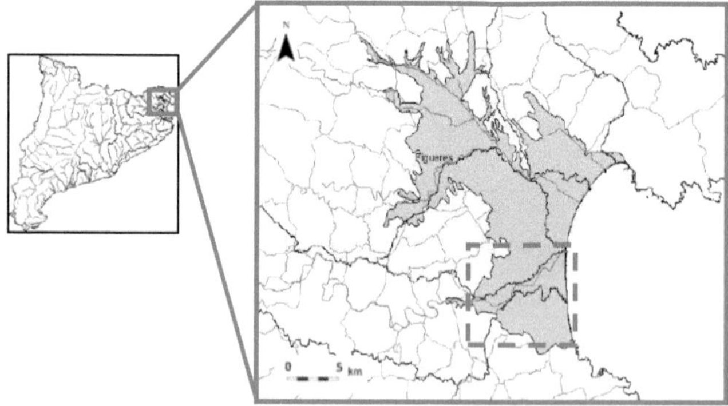

Figura 5.- Situació de la massa d'aigua anomenada fluvio-deltaic del Fluvià i la Muga (Clor verd) i delimitació de la zona d'estudi (Línia discontinua vermella).

Font: ACA (2004).

En aquest estudi hom es centra en els primers 17 m de subsòl, per tant, únicament es treballa a l'aqüífer superior al·luvial lliure. Aquest, es tracta d'una massa d'aigua continguda en els materials sedimentaris, equivalents a les terrasses fluvials 1 i 2, de rebliment de les planes dels rius Fluvià i Muga (ICC, 1995; ICC, 1996; ICGC-ACA, 2014).

El conjunt de sediments que formen aquest rebliment de la zona d'estudi té una litologia dominant gravosa i sorrenca amb presència de llims i argiles. Aquests, poden agrupar-se en base a les característiques litològiques i de geometria interna dels cossos sedimentaris, en 3 principals unitats hidreogeològiques, dues formacions aqüíferes i una unitat intermèdia (Montaner *et al.*, 1995; Mas-Pla *et al.*, 1999a):

- Aqüífer superficial de la plana al·luvial del Fluvià i la Muga: és un aqüífer superficial d'un gruix comprès entre els 15-20 m i de comportament lliure. Esta constituït per graves a les àrees pròximes a la plana i per sediments sorrencs a les àrees més distals. Aquesta unitat es fa més prima cap a l'est, ja que els materials que la composen es substitueixen per sediments més fins, sorra i llim, i algunes lents de grava.
- Aqüífer profund de la plana al·luvial del Fluvià i la Muga: és un aqüífer profund semiconfinat, amb un gruix aproximat de 15 m, constituït per sorres i graves (Mas-Pla *et al.*, 1999b). Aquest té connexió amb l'aqüífer superficial en àrees proximals i arriba a ser sorgent en àrees distals. S'estén des de la zona central de la plana, a Sant Pere Pescador, fins superar la vertical de l'actual línia de costa.
- Unitat intermèdia: aquesta unitat separa els dos aqüífers anteriors i té una potència de 15-25 m de gruix. Presenta una litologia llim-argilosa amb intercalacions de sorres, cosa que provoca que es comporti com un aqüitard.

La relació hidrogeològica entre el riu Fluvià i l'aqüífer a la zona d'estudi, segons les dades piezomètriques de l'any 1993, succeeix en els primers 15-20 m de fondària; és a dir, a l'aqüífer al·luvial lliure. A l'entrada a la plana deltaica el riu és predominantment influent, mentre que en els trams propers al mar es comporta de manera efluent, i a la part intermedia de la plana, presenta un règim influent/efluent variable.

La recàrrega natural d'aquest aqüífer ve donada mitjançant l'aportació per infiltració de les precipitacions i del riu. Aquesta té lloc a través de les capes de sorra i grava altament permeables de la part més occidental de la plana al·luvial. No obstant, es produeix una variació estacional a les zones central i oriental, on el flux de l'aqüífer al riu s'inverteix en els mesos d'estiu. Aquest fet es produeix a causa de la forta extracció d'aigua de l'aqüífer per al reg dels cultius de la zona (Mas-Pla *et al.*, 1999a). La descàrrega es produeix principalment de l'aqüífer superficial cap als trams distals del riu, i dels aqüífers superficial i profund cap a la mar Mediterrània.

En referència a la piezometria de la zona, a nivell regional s'observa un flux general d'oest a est, segons l'orientació dels cursos superficials, amb períodes temporals i trams (no delimitats) en què pot predominar el règim d'influència o d'efluència (Mas-Pla *et al.*, 1999a).

Pel que fa a la legislació de la zona, pràcticament el 100% de l'extensió de la massa d'aigua es troba inclosa en els límits de designació de les zones vulnerables a la contaminació per nitrats d'origen agrari segons els Decrets 283/1998 i 476/2004, excepte el municipi de Sant Pere Pescador, segons l'ACORD GOV/13/2015.

1.6. Usos del sòl a la zona d'estudi i problemàtica associada

La zona d'estudi compren una superfície de 92,65 Km^2 i esta destinada en la seva major part a l'agricultura (58,58 Km^2, o el 63,22% de la superfície). Dins de la zona agrícola, 14,98 Km^2 o el 16,17% de la superfície correspon a arbres fruiters (majoritàriament pomeres) i 43,59 Km^2 o el 47,05% de la superfície correspon conreus herbacis de regadiu i cereals farratgers (CREAF, 2011).

Els sistemes de reg predominants són el regatge gota a gota (fruiters) i el reg per inundació (blat de moro). Aquest es duu a terme mitjançant nombrosos pous que exploten l'aqüífer superficial, ja que pràcticament cada parcel·la de reg compta amb el seu pou corresponent, estant la majoria dels pous ubicats en l'aqüífer al·luvial superior.

Cal remarcar que l'aplicació de purins, altres adobs i plaguicides en conreus situats sobre un medi vulnerable com l'estudiat, implica l'afectació de la qualitat de les aigües subterrànies. Aquesta afecció, a la qualitat de l'aigua derivada de l'activitat agrícola, es centra principalment en l'aqüífer superficial, el qual registra valors mitjans de concentració de nitrats propers o superiors a 50 mg/L, sobretot en les zones de menor permeabilitat i, per tant, de menor capacitat de rentat. Per que fa a l'aqüífer profund, aquest també presenta un cert grau d'afectació, amb valors de concentració mitjana de nitrats de l'ordre de 10 mg/L (ACA, 2004). El contingut mitjà de nitrat en aquest aqüífer, segons el mostreig realitzat el 2015 pel projecte PERSIST, és de 36.0±4.8 mg/L, amb un 18% dels pous mostrejats (55) amb valors superiors als 50 mg/L de nitrat (Mas-Pla et al., 2016).

L'afecció de l'activitat agrícola també es manifesta per concentracions detectables de plaguicides en l'aqüífer superficial i profund: 115,43 ng/L i 160,50 ng/L, respectivament; cosa que fa que en resum, es pugui afirmar que la pressió que els cultius exerceixen sobre l'aqüífer al·luvial del tram baix del Riu Fluvià és alta (ACA, 2004). A més, el projecte PERSIST ha evidenciat la presència d'antibiòtics, tant d'ús veterinari com humà, a les aigües subterrànies de l'aqüífer, així com la resposta microbiològica en forma de gens de resistència a la presència d'aquestes substàncies (Mas-Pla *et al.*, 2016).

2. OBJECTIUS

Aquest treball final de màster té com a objectiu principal la elaboració d'un **model de flux subterrani de forma conceptual i numèrica, per a l'aqüífer al·luvial superior del Baix Fluvià**, per tal de:

- Realitzar una interpretació, de forma integrada, de les dades hidrogeològiques de l'aqüífer; tot millorant el coneixement sobre el seu funcionament.
- Establir el sistema de flux caracteritzat per la relació entre el riu i l'aqüífer, mitjançant el balanç hídric de l'aqüífer i avaluant-ne la relació hidràulica amb el riu i, per defecte, amb les formacions hidrogeològiques contigües.
- Servir com a eina per la gestió sostenible dels recursos hídrics i per la protecció del propi entorn estudiat.
- Deixar preparat, dins el programari Modflow, un marc de treball per avaluar la vulnerabilitat de l'aqüífer, i alhora, determinar el transport de les diverses substàncies contaminants que actualment estan afectant la zona d'estudi.

3. METODOLOGIA

En aquest capítol es descriu la metodologia seguida per tal de complir els objectius exposats anteriorment. A la primera secció (3.1.) es presenten els passos seguits en la realització del model hidrogeològic conceptual de la formació al·luvial superior del Baix Fluvià; a la segona secció (3.2.) es presenten els passos seguits en la realització del model numèric de flux de la mateixa zona.

3.1. Realització del model hidrogeològic conceptual de la formació al·luvial superior del Baix Fluvià

Per realitzar el model hidrogeològic conceptual de l'aqüífer al·luvial superior del tram baix del riu Fluvià, inicialment, hom va duu a terme una recopilació, buidatge i interpretació de la informació bibliogràfica existent sobre la zona d'estudi. Aquesta informació va ser utilitzada per tal de determinar tots els elements i paràmetres necessaris, per a la correcta elaboració del model.

A l'apartat de resultats es descriuen de forma detallada quines van ser les dades i paràmetres utilitzats per a realitzar el model conceptual de la formació al·luvial superior del Baix Fluvià i com aquestes van ser obtingudes.

3.2. Realització del model numèric de flux de la formació al·luvial superior del Baix Fluvià

Per realitzar el model numèric de flux de l'aqüífer al·luvial superior del tram baix del riu Fluvià, hom va procedir ha introduir totes les dades corresponents al model conceptual, dins el programari Modflow (Figura 6), per tal que aquest realitzes el model numèric.

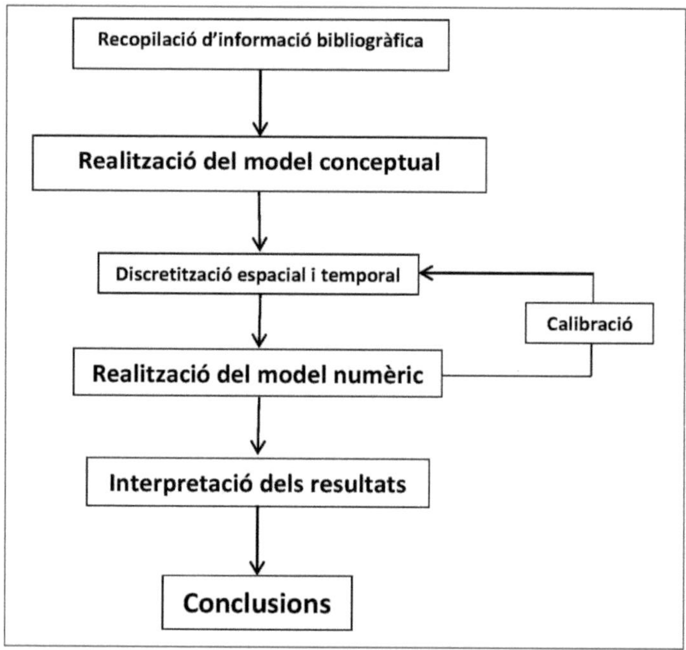

Figura 6.- Diagrama general del procés de modelització.

3.2.1. Fonaments teòrics del programari Modflow

Per desenvolupar el model numèric de la part baixa del Riu Fluvià, hom va utilitzar el programari Modflow, desenvolupat pel Servei Geològic dels Estats Units (U.S. Geological Survey, USGS). Concretament es va utilitzat el programari *Visual Modflow Pro versió 4.3* (Schlumberger Water Services, 2008).

Aquest programari permet la creació d'un model numèric capaç de resoldre l'equació diferencial que descriu el moviment tridimensional de l'aigua subterrània, quan el flux és un paràmetre conegut i la densitat de l'aigua es considera constant. Així doncs, el flux d'un fluid subterrani que es mogui en un medi porós, pot ser descrit mitjançant la següent equació (Anderson *et al.*, 1992):

$$\frac{\partial}{\partial x}\left(K_x \frac{\partial h}{\partial x}\right)+\frac{\partial}{\partial y}\left(K_y \frac{\partial h}{\partial y}\right)+\frac{\partial}{\partial z}\left(K_z \frac{\partial h}{\partial z}\right)\pm W = S_s \frac{\partial h}{\partial t}$$

On:

- K_x, K_y i K_z, són les conductivitats hidràuliques en les direccions dels eixos x, y i z, respectivament.
- h, és el nivell piezomètric.
- W, és el flux per unitat de volum de recàrrega o extracció, d'aigua en el model.
- Ss, és l'emmagatzematge específic del material porós.
- x, y, z, és la distància en les tres direccions principals.
- t, és el temps.

De forma detallada, el programari Modflow utilitza el mètode numèric de les diferències finites, per tal de resoldre l'equació de flux en un cas real (McDonald i Harbaugh, 1988); i posteriorment, representa els resultats d'aquesta equació en una malla de punts centrats a les cel·les (nodes), els quals estan formats per files (i), columnes (j) i capes (K) (Figura 7). Aquests nodes, en el model representen una cel·la, les propietats hidràuliques de la qual són constants a tota la seva extensió.

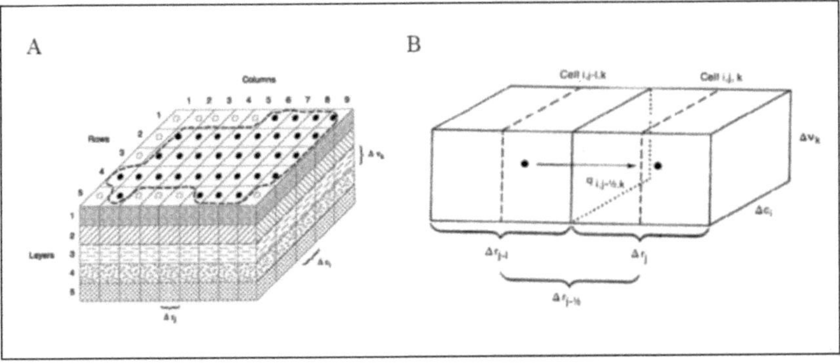

Figura 7.- A: Esquema d'un model tridimensional mitjançant el programari Modflow. B: Model del node central al mig de la cel·la.
Font: McDonald i Harbaugh (1988).

El programari Modflow és capaç de simular un flux estàtic o transitori en un sistema aqüífer irregular; el qual pot ser confinat, no confinat o mixt. A més, també es possible simular el flux d'aigua corresponent a pous, recàrrega, evapotranspiració, drens, llits de riu i altres elements hidrogeològics.

3.2.2. Procediment de treball del programari Modflow

L'elaboració d'un model numèric consisteix en la introducció d'un model conceptual, format a partir de dades reals, dins un programari de modelització (Figura 8). Aquesta actuació es duu a terme mitjançant un sistema d'equacions basades en principis físics, de tal manera que aquestes siguin capaces de reproduir la dinàmica hidrogeològica observada al camp (Faust i Mercer, 1979).

El menú de treball o Interface del programari Modflow té una estructura modular que, a grans trets, consisteix en un programa principal i una sèrie de subrutines independents anomenades mòduls (en aquest cas, per complir amb l'objectiu del treball, només és necessari utilitzar el mòdul anomenat Modflow). Aquests mòduls estan agrupats en paquets, on cada paquet representa una característica específica del sistema hidrològic (Figura 9).

La divisió del programa en mòduls permet a l'usuari examinar característiques específiques del model de forma independent i també facilita el desenvolupament de noves capacitats, ja que els paquets poden ser afegits al programa sense modificar els ja existents.

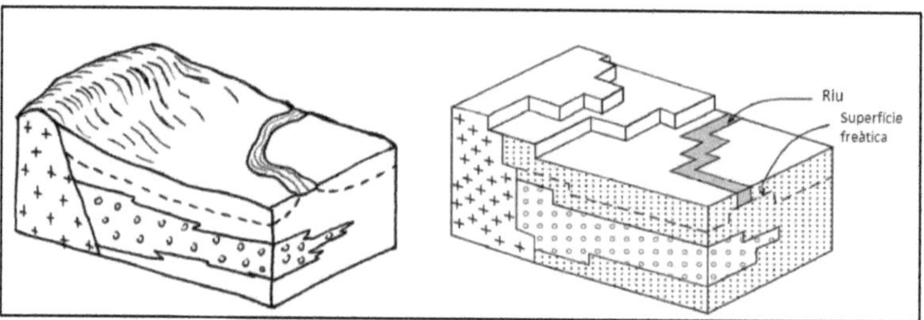

Figura 8.- Exemple de com es representa el model conceptual dins del programari Modflow. *Font: Sánchez, 2011.*

Dins del programa, l'usuari es pot moure en tres escenaris diferents, que corresponen a les tres fases que calen per construir el model numèric i obtenir els resultats de la simulació: "l'input" o entrada de dades, el "run" o execució del codi numèric i "l'output" o tractament de resultats.

En la majoria de casos també hi ha una quarta fase anomenada calibració. Aquesta fase consisteix en comparar els resultats obtinguts en el model numèric amb dades extretes de la realitat, per tal d'observar el seu grau de coincidència, i en funció d'aquest, decidir si el model està funcionant correctament, o cal revisar les dades d'entrada.

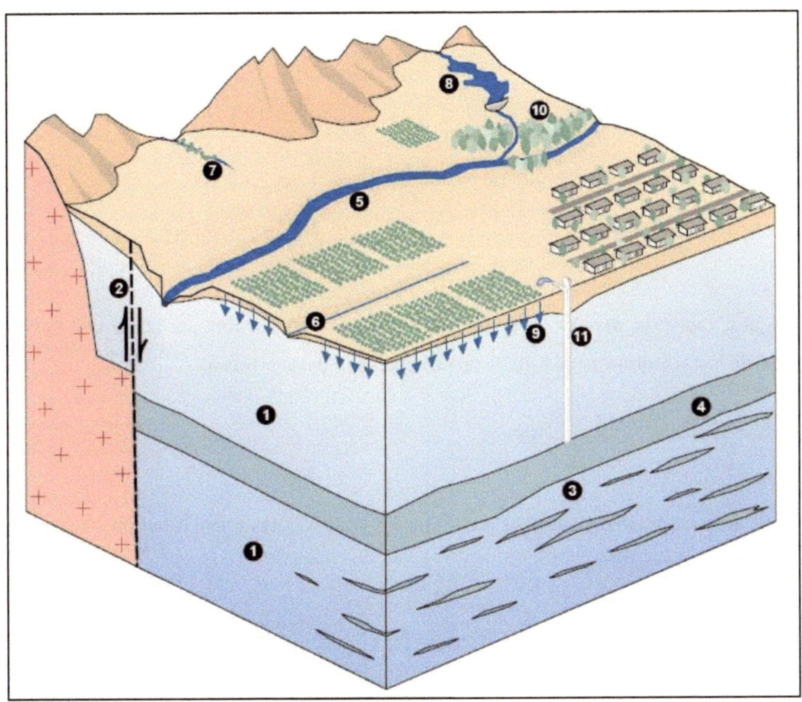

Figura 9.- Característiques d'un aqüífer que poden ser simulades amb el programari Modflow. 1: Aqüífers confinats i lliures - Canvis en el flux subterrani i en l'emmagatzematge d'aigua subterrània; 2: Fractures i altres barreres - Resistència al flux horitzontal; 3: Estrats intercalats; 4: Unitats confinants - Canvis en el flux subterrani i en l'emmagatzematge d'aigua subterrània; 5: Rius - Intercanvi d'aigua amb l'aqüífer; 6: Drens i surgències - Descàrrega d'aigua de l'aqüífer; 7: Corrents efímers - Intercanvi d'aigua amb l'aqüífer; 8: Embassaments - Intercanvi d'aigua amb l'aqüífer; 9: Recàrrega - procedent de pluges o d'irrigació; 10: Evapotranspiració; 11: Pous - Extracció o recàrrega d'aigua.

Font: USGS (1997).

Un cop el model està calibrat, abans d'iniciar el modelatge, cal establir les coordenades espacials de la zona on es durà a terme l'estudi, mitjançant una malla formada per quadrats de mides determinades. Posteriorment és necessari indicar els períodes de temps amb els quals es vol treballar. Després cal indicar les condicions inicials i de contorn, i finalment s'implantaran els paràmetres hidrogeològics corresponents al model conceptual de l'aqüífer en qüestió.

4. RESULTATS I DISCUSIÓ

En aquest capítol es descriuen i s'interpreten els resultats obtinguts per tal de construir el model de flux subterrani per a l'aqüífer al·luvial superior del Baix Fluvià.

4.1. Realització del model

Aquest apartat compren la descripció de totes les accions dutes a terme per tal d'obtenir el model de la zona d'estudi.

4.1.1. Delimitació de la discretització espacial i temporal

La geometria del model hidrogeològic del riu Fluvià es correspon amb la delimitació geològica dels materials al·luvials localitzats a la zona d'estudi (Figura 2). Aquesta zona s'ha digitalitzat a partir dels Mapes Geològics de Catalunya 1:25000, corresponents als fulls de Sant Pere Pescador 258-2-2, i l'Escala 296-2-1 (ICC, 1995 ; ICC, 1996).

El model s'ha basat en dues capes, la primera (capa 1) de 10 m de gruix, i la segona (capa 2) de 7 m. Aquestes s'estenen al llarg de tota la zona ocupada per materials al·luvials (Figura 4).

La cota altitudinal de les diferents capes s'ha adaptat al Model d'Elevacions de Terreny 15 x 15 de l'ICC, corresponent als fulls 258 i 296.

La malla s'ha realitzat amb 85 files, 109 columnes i dues capes de cel·les de 100 x 100 m. Per tant, consta de 18530 cel·les i una àrea de 92,65 Km^2. Aquestes dimensions s'han escollit per tal de cobrir tota la zona d'estudi amb una resolució correcta per complir amb els objectius proposats. Dins d'aquesta àrea, s'han identificat 12634 cel·les pertanyents a formacions geològiques de tipus al·luvial; és a dir, cel·les actives; de les quals 6470 pertanyen a la capa 1 i 6164 a la capa 2 (Figura 10).

La discretització temporal de la simulació transitòria, s'han definit en 120 períodes d'un mes de durada; és a dir, un temps total de 10 anys. Aquesta discretització temporal s'ha escollit d'acord amb la temporalització de les dades de recàrrega i bombament disponibles al model conceptual, i entenent que representava una aproximació temporal adequada per representar la variació de recàrrega i bombament.

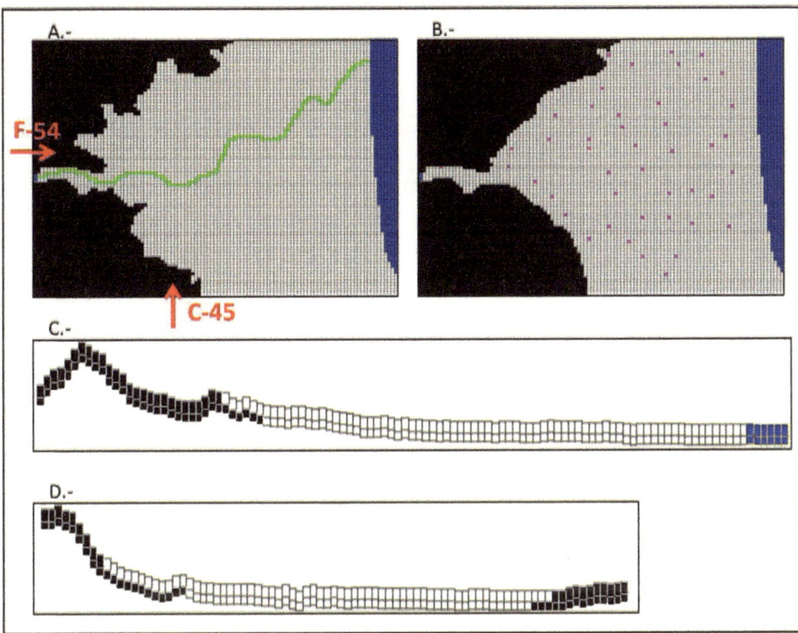

Figura 10.- A: Vista en plana de la capa 1. B: Vista en plana de la capa 2. C: Distribució de les dues capes en profunditat al seu pas per la zona central (Fila 54). D: Distribució de les dues capes en profunditat al seu pas per la zona central (Columna 45). Els quadres omplerts en color negre simbolitzen condicions de contorn sense flux, els blaus condicions de contorn de nivell constant, els verds riu i els liles pous.

4.1.2. Delimitació de les condicions inicials

Les condicions inicials per a la simulació en estat transitori han anat variant en funció del procés de calibració, introduint de manera iterativa noves distribucions de nivell a mesura que s'avançava en el procés de modelització. Per a l'obtenció dels resultats finals s'ha considerat que l'opció més correcta era utilitzar com a condició inicial de nivell, els resultats obtinguts a l'últim període. Aquesta actuació implica que, possiblement, la simulació de nivell dels primers períodes estigui lleugerament afectada per aquesta elecció de les condicions inicials.

4.1.3. Delimitació de les condicions de contorn

A. Condició de contorn de nivell constant (mòdul *constant Head*)

El contorn de nivell constant representa els llocs on el nivell hidràulic és un valor fix durant tota la simulació. Aquests han estat definits en funció de les característiques hidrogeològiques del medi.

En aquest model s'han definit dos nivells constants, corresponents al punt per on el riu entra a la zona d'estudi, i a la línia de mar.

- El primer límit amb contorn de nivell constant es troba situat a l'oest de la zona d'estudi, al pas del riu Fluvià pel municipi de Sant Miquel de Fluvià, concretament a la coordenada (499245;4668386 UTM 31N/ETRS89). Aquest límit representa la cota topogràfica del riu en aquest punt, i se li ha definit un nivell constant de 14 m.
- El segon límit amb contorn de nivell constant es troba situat a l'est, resseguint la línia de mar, i se'l i ha definit un nivell constant de 0 m.

B. Condició de contorn de riu (mòdul *River*)

En realitzar el model s'ha representat el riu Fluvià mitjançant el mòdul River. Aquest mòdul consisteix en digitalitzar el riu en diferents segments en el mateix sentit que el corrent del riu. Per realitzar aquesta operació són necessàries les dades obtingudes en la realització del perfil topogràfic del riu en el model conceptual (Figura 13).

Aquest mòdul està format per 160 cel·les, les quals tenen definits diversos valors: nivell del riu, llera del riu, flux, pendent, rugositat de la llera, longitud, amplada, gruix, conductivitat i conductància. Aquests valors han estat assignats segons les característiques geomorfològiques i els paràmetres corresponents als materials de la zona d'estudi (ICC, 1995; ICC, 1996; ICGC-ACA, 2014).

El nivell del riu al llarg del temps s'ha considerat un paràmetre constant, ja que la seva variació mitjana anual és inferior a un metre (excepte en episodis de fortes precipitacions), i a nivell d'aquest estudi, una variació de tant poca magnitud no afecta de forma significativa als resultats.

C. Condició de contorn de zones sense flux (mòdul *no Flow*)

S'han marcat dues zones amb condicions de contorn sense flux. Aquestes es troben situades als extrems nord-oest i sud-oest de la zona d'estudi (Figura 11). El motiu de que aquestes zones hagin estat considerades sense flux, i per tant, que en el model es representin com a zones impermeables, rau en el fet de que corresponen a materials neògens, amb valors de permeabilitat molt baixos (Soler *et al.*, 2014). En la realitat poden tenir una mínima aportació d'aigua a l'aqüífer al·luvial de la zona, no obstant, aquesta aportació s'ha considerat menyspreable.

El programari Modflow, entén, per defecte, que els límits de la malla de treball, tant al nord com al sud, es comporten a contorns sense flux, és a dir, no aporten aigua ni la deixen passar. Aquest fet s'ha considerat correcte, doncs hom suposa que el flux regional és paral·lel al límit del model.

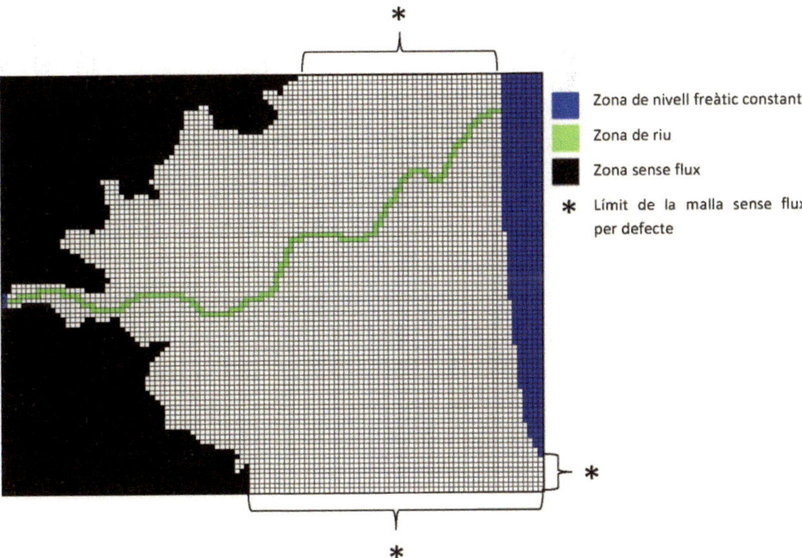

Figura 11.- Ubicació dels nodes de condicions de nivell constant (color blau), condicions de contorn de zones sense flux (color negre) i condició de riu (color verd), per a la capa 1.

D. **Condició de contorn de pou (mòdul *Well*)**

A la zona d'estudi, hi predominen majoritàriament dos tipus d'explotació de les aigües subterrànies: l'agrícola i l'abastament urbà. Els volums extrets per aquestes actuacions corresponen als presentats a les taules 4 i 5.

Mitjançant el programari ArcGIS, hom va crear un arxiu de localització dels diversos pous situats dins de la zona d'estudi. Aquest es va importar al programari Modflow, i un cop marcada la localització dels diferents pous, es van introduir les dades referents al volum d'aigua extreta i la periodicitat de cada episodi d'extracció.

4.1.4. Delimitació dels paràmetres hidrogeològics

Els paràmetres hidrogeològics emprats en la realització d'aquest model han estat la conductivitat hidràulica (K) i la porositat (n).

Com en el cas anterior, mitjançant el programari ArcGIS, es va crear un arxiu de delimitació de les diverses unitats geològiques presents a la zona, que presenten els mateixos valors per aquests paràmetres. Atesa la heterogeneïtat de l'aqüífer al·luvial del Baix Fluvià, mitjançant la informació consultada (ICC 1995; ICC 1996, ICGC-ACA, 2014), hom va assignar set zones amb conductivitat hidràulica i porositat diferent, les quals s'adapten a la geologia de la zona (Figura 12; Taula 1). Aquest arxiu es va importar al programari Modflow, i un cop marcades les diverses zones, es van introduir les diferents dades de conductivitat hidràulica, coeficient d'emmagatzematge i porositat, per a cada una d'elles. Es va considerar que en tot el domini la conductivitat hidràulica és isòtropa; és a dir, Kx=Ky=Kz, ja que les propietats dels materials al·luvials que formen l'aqüífer no presenten cap direcció de flux predominant.

Taula 1.- Resum de la informació referent a la conductivitat hidràulica i porositat de cada zona.

Zona	Conductivitat hidràulica (K)	Porositat (n)
1	3	0,05
2	10	0,05
3	35	0,03
4	35	0,05
5	5	0,05
6	5	0,05
7	5	0,05

a)

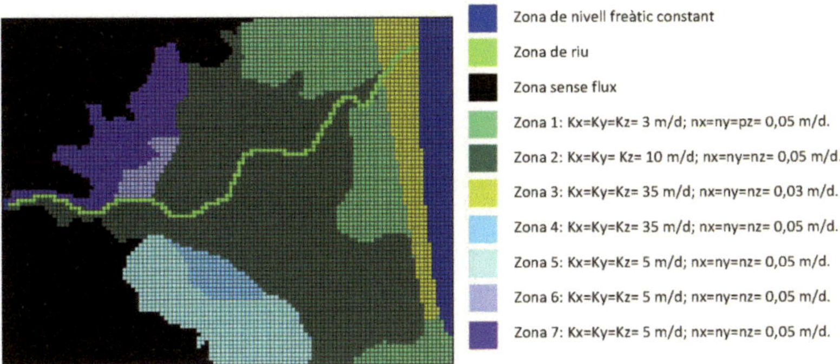

b)

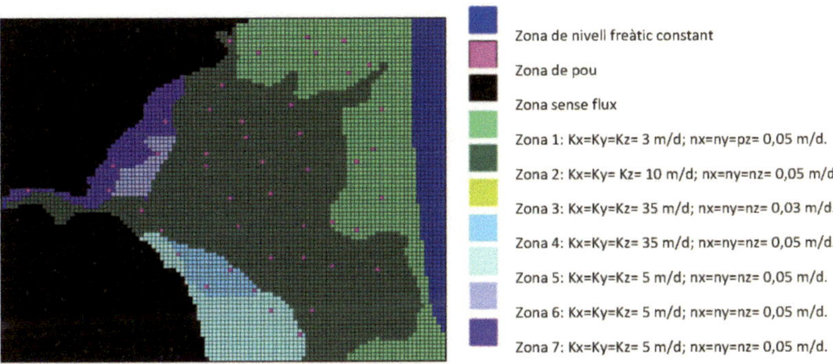

Figura 12.- Zonificació de la conductivitat hidràulica del model numèric del curs baix del riu Fluvià per a la capa 1 (a) i 2 (b), i de les condicions de contorn de nivell constant i sense flux.

4.1.5. Realització del perfil topogràfic del riu Fluvià

Per tal de realitzar el perfil topogràfic del riu Fluvià al seu pas per la zona d'estudi, hom va utilitzar el visor cartogràfic de l'Institut Cartogràfic de Catalunya (ICC), en el qual es van buscar detalladament una sèrie de cotes topogràfiques conegudes del nivell del riu. Després, mitjançant un procés d'interpolació entre els diversos punts coneguts, es va obtenir el perfil topogràfic que segueix el riu al seu pas pel tram baix del riu Fluvià (Figura 13).

La realització d'aquest perfil va ser necessària per tal de conèixer quina és la cota topogràfica de la llera del riu al llarg de la zona d'estudi, ja que aquesta delimita la superfície per on es produeix l'intercanvi d'aigua entre l'aqüífer i el riu.

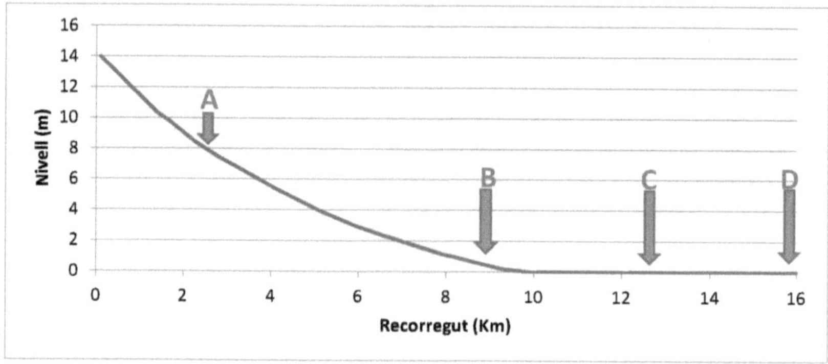

Figura 13.- Perfil topogràfic del riu Fluvià al seu pas per la zona d'estudi. A: Pont de la carretera GI-622 en creua el riu pel terme municipal de Sant Miquel de Fluvià; B: Pont de la carretera C-31 en creuar el riu pel terme municipal de Torroella de Fluvià; C: Pas del riu a través del municipi de Sant Pere Pescador; D: Desembocadura del riu Fluvià.

4.1.6. Càlcul del balanç entre la precipitació i l'evapotranspiració

Amb l'objectiu de calcular la quantitat d'aigua que s'infiltra inicialment a l'aqüífer en els diferents episodis de precipitació, hom va recopilar les dades de precipitació de les tres estacions meteorològiques, del Servei Meteorològic de Catalunya (SMC), localitzades dins de la zona d'estudi; és a dir, Torroella de Fluvià, Ventalló i Sant Pere de Pescador (SMC, 2015). Aquestes dades es van tractar per tal d'obtenir els valors mitjans de la diferència entre la precipitació (P) i l'evapotranspiració potencial (ETP), per així poder fer un càlcul de l'aigua provinent de la precipitació, que recarrega l'aqüífer a la zona d'estudi (Taula 2).

Per als mesos on el resultat del càlcul d'aquest valor va ser inferior a zero, el valor utilitzat va ser zero, ja que un valor de recàrrega negatiu no té sentit.

Taula 2.- Mitjana dels valors obtinguts per a la recàrrega mensual (Precipitació (P) menys evapotranspiració (ETP)) a la zona d'estudi. El valor de evapotranspiració es va obtenir segons la formula usada per Thornthwaite (1948).

	T (ºC)	P (mm)	ETP (mm)	P-ETP (mm)	Recàrrega (m/d)
Gener	7,5	24,7	15,3	9,36	$3{,}12E^{-04}$
Febrer	8,2	33,3	19,4	13,89	$4{,}63E^{-04}$
Març	10,8	81,8	33,1	48,76	$1{,}63E^{-03}$
Abril	13,8	44,8	53,9	0	0
Maig	17,2	41,6	82,7	0	0
Juny	21,2	26,7	119,2	0	0
Juliol	23,4	32,4	137,1	0	0
Agost	22,7	46,5	122,1	0	0
Setembre	20,1	63,5	91,4	0	0
Octubre	17,1	50,9	63,5	0	0
Novembre	12,3	101,4	34,1	67,24	$2{,}24E^{-03}$
Desembre	8,4	36,4	17,8	18,57	$6{,}19E^{-04}$

Dins del model, no va ser necessari marcar diferents zones de recàrrega per precipitació, ja que la distribució de la pluja va ser considerada homogènia a tota l'àrea d'estudi, per tant, tota l'àrea d'estudi es considera com una única zona.

4.1.7. Càlcul de la demanda de recursos hídrics destinats a l'ús agrícola

En un model, els valors referents a la demanda de recursos hídrics són molt importants per tal d'obtenir uns resultats el més fidels possible a la realitat, però, per poder incloure aquests valors de cabal d'extracció dels pous dins del model, es necessari disposar de la informació de localització i volum d'extracció d'aigua de tots els pous de la zona. Donada la dificultat que representa l'obtenció d'aquesta informació, hom va optar per seguir un procediment de càlcul indirecte, consistent en la metodologia formada pels passos següent:

1. Integració del Mapa de Cobertes del Sòl de Catalunya (MCSC, 2011), realitzat pel Centre de Recerca Ecològica i Aplicacions Forestals (CREAF), dins d'un entorn GIS.
2. Reordenació de les categories d'usos del sòl, segons les necessitats hídriques de cada una (Figura 14):
    - Altres conreus herbacis: ACH.
    - Altres conreus herbacis en regadiu; ACHR.
    - Fruiters en regadiu pel sistema de gota-gota: FRG.
    - Habitatges i construccions: HIC.
    - Altres: A. Dins d'aquesta categoria s'inclouen elements com ara boscos, etc.

3. Càlcul de l'àrea de les noves categories (Taula 3).
4. Assignació d'una dotació de reg determinada a cada categoria, en funció del tipus de cultiu al que està destinada. Aquest càlcul es va realitzar a partir de les dades presentades per Camps *et al.*, 2016 (Taula 4).
5. Localització al model dels pous inventariats al projecte PERSIST com a pous d'extracció, segons el tipus de cultiu al que es destina la zona. Atès que el nombre de pous real és molt superior a l'inventariat, per tal de concentrar el bombament en aquests pous se'ls hi va assigna una superfície de reg de 36 ha, modificant el cabal de bombament de forma proporcional a aquesta superfície, a fi que s'assoleixi el total d'aigua de reg valorada pels estudis agronòmics.
6. Càlcul del volum d'aigua extret a cada pou en funció de l'àrea agrícola a la que està destinat, la categoria d'ús d'aquesta àrea i la dotació de reg assignada.

Taula 3.- Valor de l'àrea de les zones obtingudes segons la reclassificació de les diferents categories de sòl.

Categoria	Àrea (ha)	Àrea (Km^2)
ACH) Altres conreus herbacis	1018,8	10,1
ACHR) Altres conreus herbacis en regadiu	3340,4	33,4
FRG) Fruiters en regadiu	1498,7	14,9
HIG) Habitatges i construccions	322,1	3,2
A) Altres	3084,9	30,8

Taula 4.- Dotacions de reg o volum d'extracció dels pous, assignades per regar zones amb arbres fruiters (FRG) o zones amb blat de moro (ACER). *Font: Camps et al., 2016.*

Dotació de reg (m^3/ha·d)	Fruiters (FRG)	Blat de moro (ACHR)
Gener	0	0
Febrer	0	0
Març	0	0
Abril	0	0
Maig	5,3	29,2
Juny	10,6	29,2
Juliol	23,1	29,2
Agost	21,3	29,2
Setembre	0	0
Octubre	0	0
Novembre	0	0
Desembre	0	0

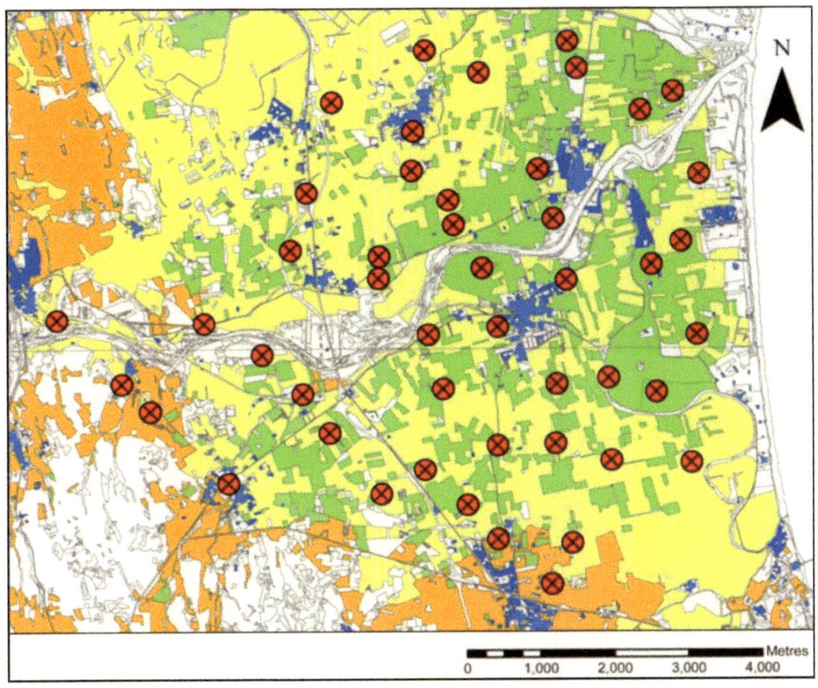

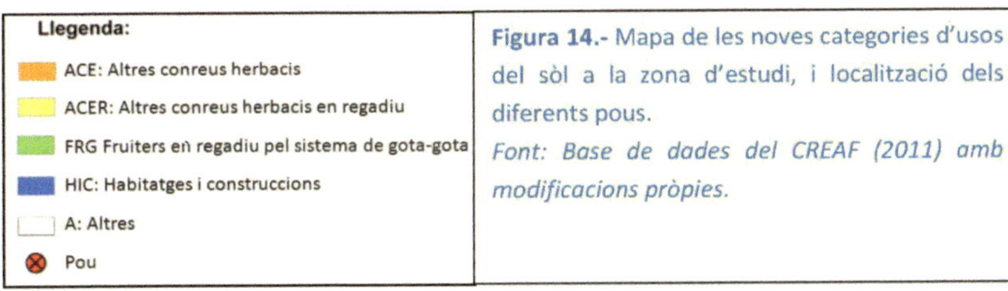

Figura 14.- Mapa de les noves categories d'usos del sòl a la zona d'estudi, i localització dels diferents pous.
Font: Base de dades del CREAF (2011) amb modificacions pròpies.

Mitjançant el programari ArcGIS, hom va crear un arxiu per delimitar les zones corresponent a les diferents àrees de recàrrega (Figura 15), aquest es va importar al programari Modflow, i un cop marcades, es van introduir les dades referents al volum d'aigua extreta i la periodicitat de cada episodi d'extracció.

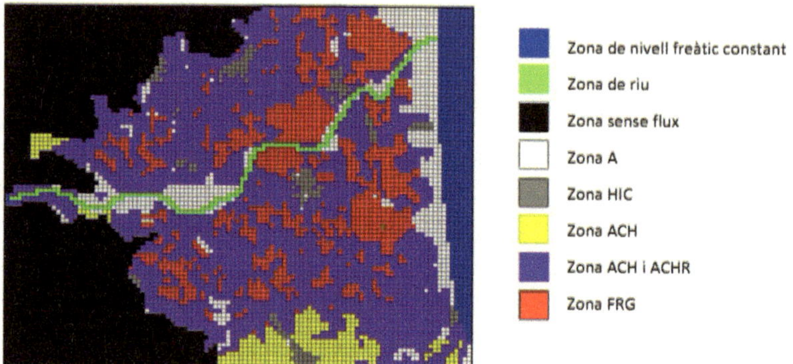

Figura 15.- Zonificació, dins del programari Modflow, de les diferents àrees de recàrrega provinent del reg agrícola per a la capa 1, en funció de les categories d'usos del sòl (Figura 7). No s'observa cap color a la llegenda per delimitar les zones de recàrrega per precipitació, ja que s'entén que la recàrrega que aporta aquest factor és homogènia a tota l'àrea d'estudi.

4.1.8. Càlcul de la demanda de recursos hídrics destinats a l'ús domèstic

Les dades sobre la demanda de recursos hídrics destinats a l'ús domèstic a la zona d'estudi, així com la localització dels diferents pous que executen aquesta operació, van ser extretes de la pàgina web de l'ACA (ACA, 2016; Taula 5). Cal comentar que la demanda d'aigua per a l'ús industrial no s'ha tingut en compte en aquest estudi, donat el fet que en representar un volum d'extracció molt baix respecte del total, s'ha considerat insignificant.

Aquestes dades van ser utilitzades per establir el volum d'aigua que s'extreu de la formació aqüífera, per tal de satisfer la demanda corresponent als usos domèstics.

Taula 5.- Consum municipal d'aigua. *Font: ACA (2016) i IDESCAT (2016).*

Nom del Municipi:	Consum mig per persona(m^3/d)	Habitants	Consum mig per municipi (m^3/d)
L'Armentera	0,90	907	81,3
Sant Pere Pescador	0,10	2143	214,3
Torroella de Fluvià	0,20	732	146,4
Ventalló	0,16	830	133,8
Vilamacolum	0,16	294	47,1
Total:	**0,66**	**4906**	**574,6**

4.1.9. Anàlisi de les sèries de dades de nivell hidràulic en els piezòmetres gestionats per ACA

Mitjançant les dades de piezometria dels pous gestionats per l'ACA situats a prop de la zona d'estudi (Figura 16), hom va representa l'evolució de les dades de nivell hidràulic (nivell freàtic) a l'aqüífer lliure del Baix Fluvià (Figura 17 i 18), amb la finalitat de conèixer el rang de valors de nivell piezomètric i la seva oscil·lació temporal.

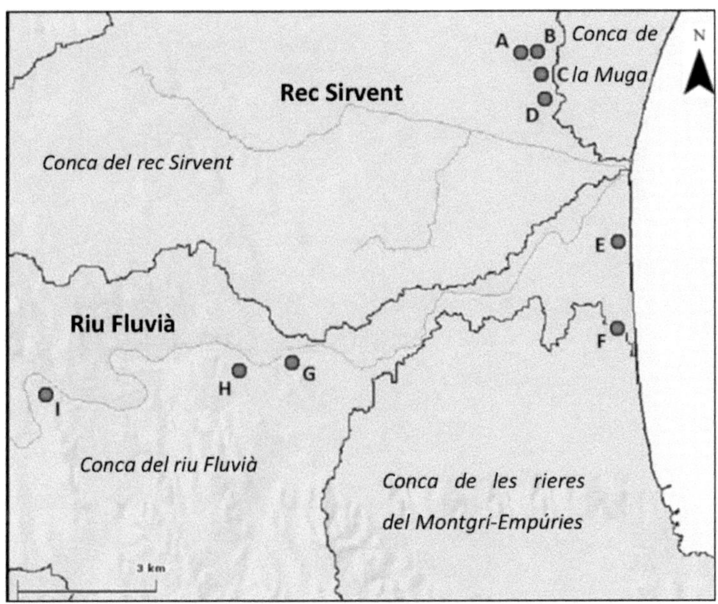

Figura 16.- Localització dels diferents piezòmetres de l'ACA analitzats (A: S-1-A, S-2-A i S-2-B; B: S-1; C: S-4 i S-38; D: S-6 i S-8; E: S-7; F: P-4; G: P-3; H: P-2; I: P-1), i delimitació de les diferents conques hidrogràfiques (Text en cursiva) i cursos fluvials (Text en negreta), presents a l'àrea d'estudi.

Font: ACA (2016) amb modificacions pròpies.

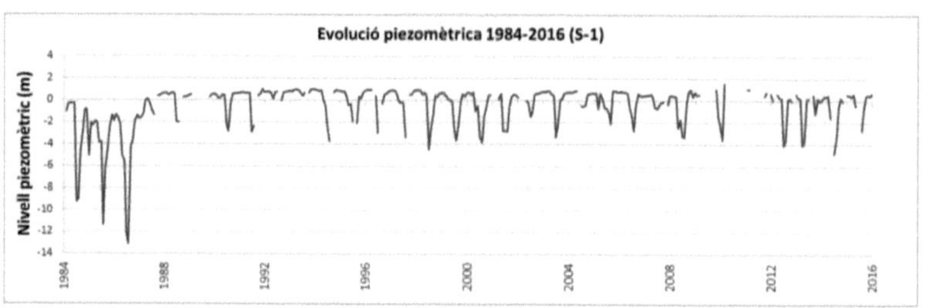
Evolució piezomètrica 1984-2016 (S-1)
Nivell piezomètric (m)

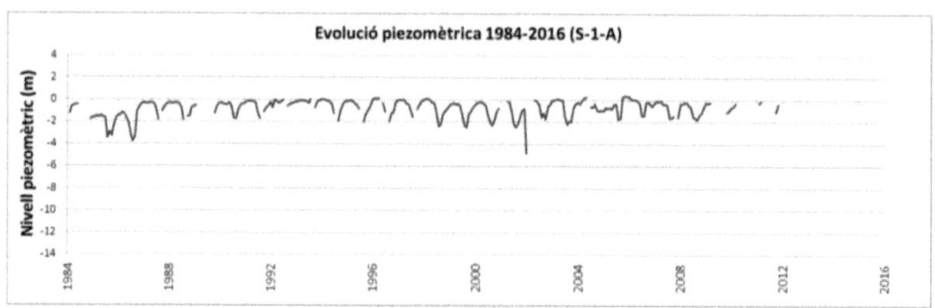
Evolució piezomètrica 1984-2016 (S-1-A)
Nivell piezomètric (m)

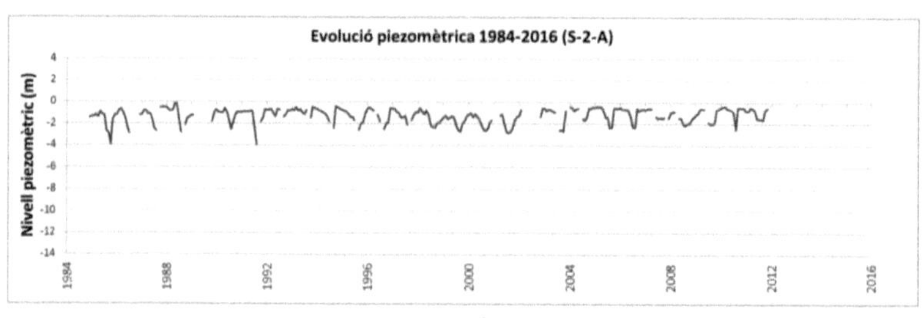
Evolució piezomètrica 1984-2016 (S-2-A)
Nivell piezomètric (m)

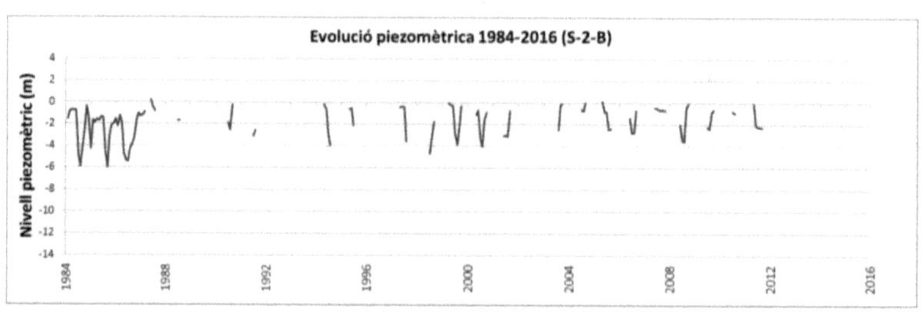
Evolució piezomètrica 1984-2016 (S-2-B)
Nivell piezomètric (m)

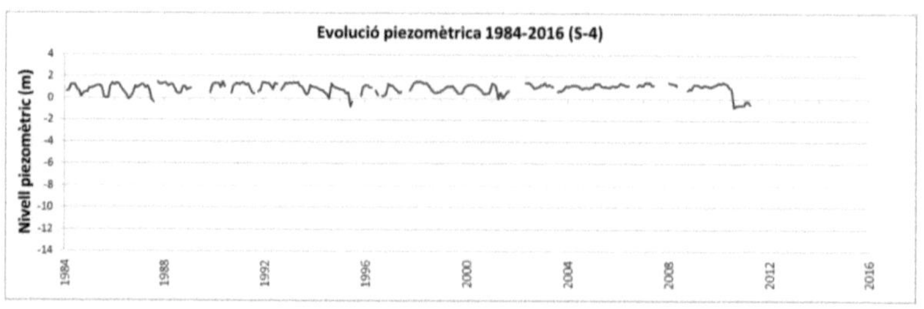
Evolució piezomètrica 1984-2016 (S-4)
Nivell piezomètric (m)

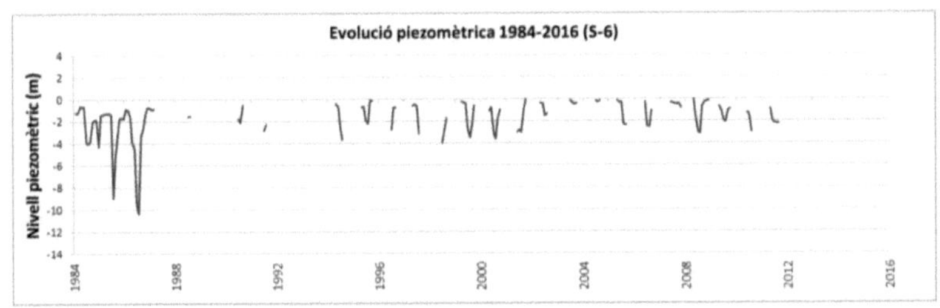

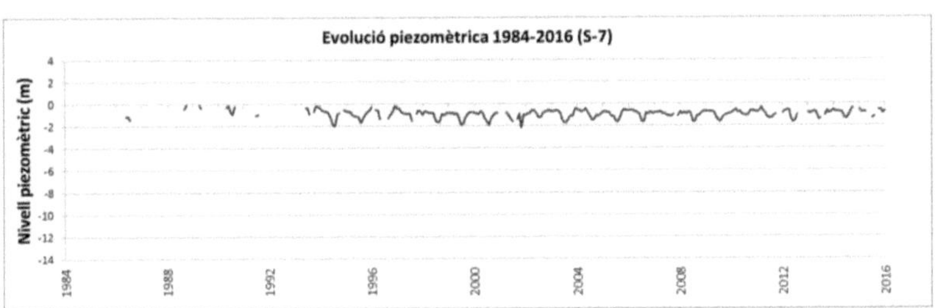

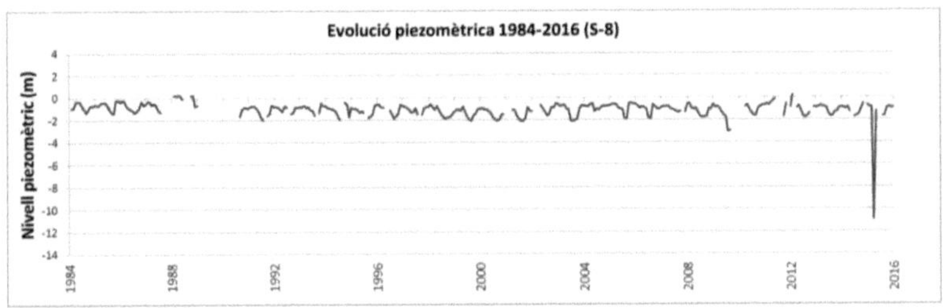

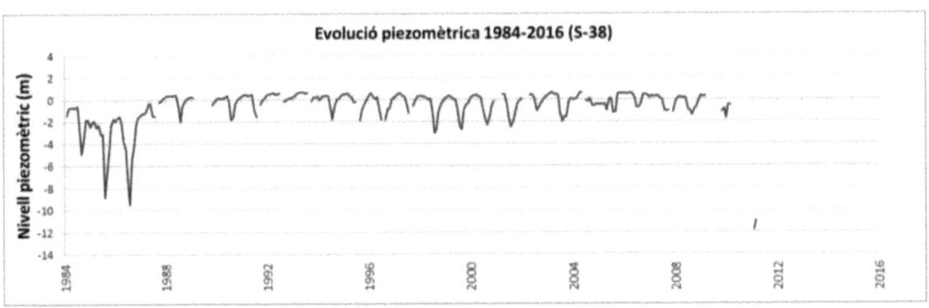

Figura 17.- Gràfics de l'evolució del nivell piezomètric durant el període de temps comprès entre els anys 1984-2016.

Font: ACA (2016).

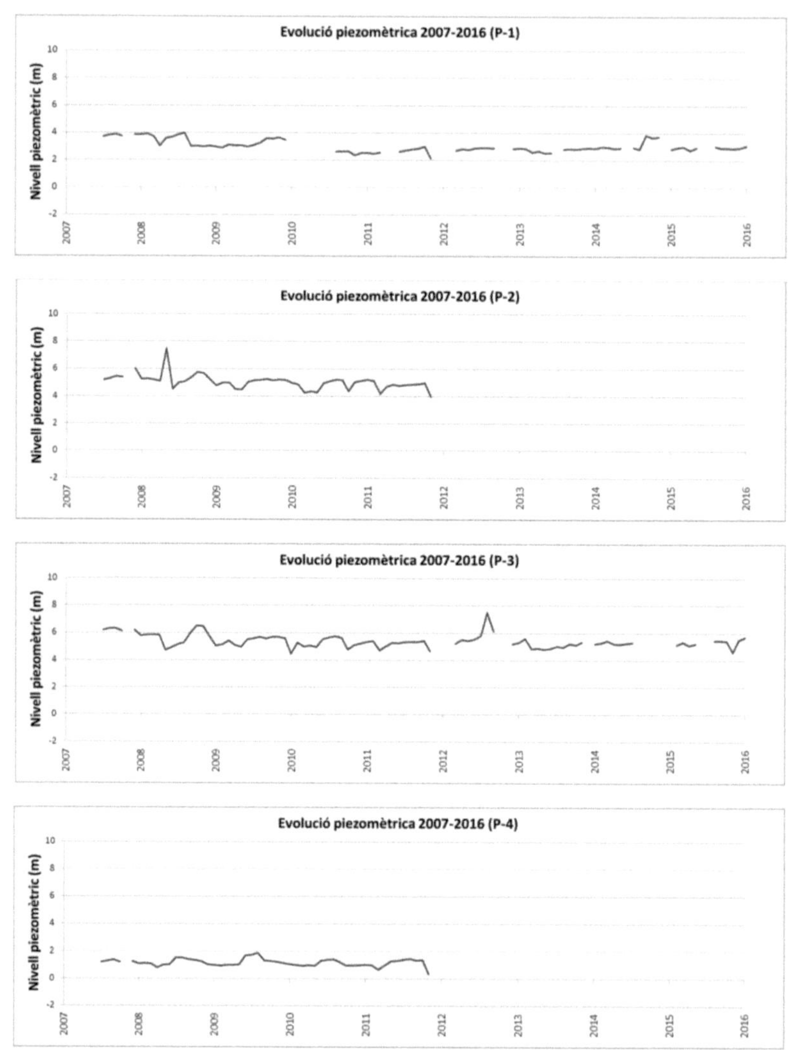

Figura 18.- Gràfics de l'evolució del nivell piezomètric durant el període de temps comprès entre els anys 2007-2016.

Font: ACA (2016).

En les diverses gràfiques referents al nivell piezomètric per al període 1984-2016 (Figura 17), s'observa com la variació del nivell piezomètric que es dóna al llarg dels diferents anys, segueix una tendència cíclica; és a dir, durant la tardor i l'hivern de cada any hi ha un augment del nivell piezomètric i una posterior disminució a l'estiu. A més, les magnituds d'aquestes variacions són semblants per als diferents anys. Aquesta ciclicitat, en la variació del nivell piezomètric, s'explica principalment per l'efecte de dos factors. El primer factor és el fet que durant el període de temps comprès entre els mesos de novembre d'un any i març del següent, tenen lloc les precipitacions més importants a la zona d'estudi i, per tant, la recàrrega procedent de la precipitació i la infiltració d'aigua del riu Fluvià cap a l'aqüífer (Taula 2). El segon factor correspon al fet que durant el període de temps comprès entre els mesos de maig i agost, és quan es dóna la major extracció d'aigua subterrània per al reg dels cultius de la zona (Taula 4).

Agafant com a referència els pous de l'ACA S-1 i P-4, la variació regular màxima del nivell piezomètric, és a dir, aquella que es dóna amb una certa ciclicitat, enregistrada en aquests pous ha estat d'aproximadament 4,7 m, i el pou que registra aquest valor ha estat el S-1. La variació regular mínima ha estat d'aproximadament 0,7 m, i el pou que ha registrat aquest valor ha estat el P-4 (Taula 6). En les diverses gràfiques referents al nivell piezomètric per al període d'anys 2007-2016 (Figura 18), com en el cas del període 1984-2016, també s'observa una certa ciclicitat en la variació del nivell.

Taula 6.- Resum de la informació referent al rang de variació obtingut en les gràfiques anteriors.

Piezòmetre	Valor màx. i mín. de variació (m)	Valor absolut de variació (m)
S-1	0,8 - (-3,9)	4,7
S-1-A	0,2 - (-1,9)	2,1
S-2-A	0 - (-2,6)	2,6
S-2-B	0,2 - (-4)	4,2
S-4	1,6 - (0,2)	1,4
S-6	0,1 - (-3,2)	3,3
S-7	(-0,2) - (-1,8)	1,4
S-8	(-0,8) - (-2)	1,2
S-38	0,4 - (-1,9)	2,3
P-1	3,9 – 2,8	1,1
P-2	5,1 – 4,1	1
P-3	5,7 – 4,4	1,3
P-4	1,6 – 0,9	0,7

En aquestes dades, hom també pot observar com de forma general, els majors valors absoluts de variació, es donen als pous més propers al mar, mentre que els menors valors absoluts de variació, es donen als pous situats més lluny de la costa; atès que els primers es troben en zones amb major percentatge de cultius agrícoles de regadiu, i els segons es troben a prop del riu, el qual manté el nivell estable.

4.1.10. Síntesi del model

En resum, de tota la informació anterior hom pot extreure'n les següents afirmacions:

- La formació al·luvial estudiada es desenvolupa al Baix Fluvià i constitueix un aqüífer superficial de caràcter lliure, d'uns 17 m de gruix. La seva geometria i la distribució de les zones litològiques s'ha caracteritzat mitjançant els mapes geològics i hidrogeològics corresponents a l'ICC i l'ACA (ICC, 1995; ICC, 1995; ICGC-ACA, 2014).
- Les dades de la demanda urbana i agrícola permeten estimar la demanda mensual de les diverses extraccions d'aigua subterrània del sistema (Taules 4 i 5).
- Els registres piezomètrics històrics mostren oscil·lacions del nivell hidràulic de caràcter estacional, amb un rang de variació màxim d'aproximadament 4,7 m. A més, també mostren la recuperació dels nivells piezomètrics després dels períodes de major descens. Aquest fet indica que la recàrrega del sistema és correcte i la seva explotació sostenible, sense que s'hagin observat descensos progressius que siguin indicatius d'una sobreexplotació dels sistema.

4.2. Interpretació del model de flux

A les Figures 19.1, 19.2, 19.3, 20.1, 20.2, 20.3, es presenten les dades reals de la piezometria de la zona obtingudes per al mes de desembre de l'any 1993, el mes d'agost de l'any 1994 (Mas-Pla *et al.*, 1999a), i les obtingudes al model numèric de flux.

- En comparar els mapes corresponents al mes de desembre de l'any 1993 i els obtinguts pel model numèric (els quals corresponen al període d'inici de la recàrrega del sistema aqüífer), hom observa com, de forma general, la modelització a la capa superior marca una distribució piezomètrica coincident a l'observada a la piezometria del 1993. No obstant, en comparar la distribució piezomètrica i el funcionament del riu al voltant de l'àmbit fluvial i a la part propera al litoral, hom observa com les línies de flux mesurades l'any 1993 mostren un notable gradient cap al riu, el qual no es reprodueix de forma tant perceptible a la simulació de la capa 1.

En segon lloc, els mapes de simulació mostren un lleuger caràcter influent del riu en el seu terç occidental, el qual es presenta de manera molt més acusada a les dades piezomètriques de l'any 1993. Tot i això, el caràcter influent que dóna el riu, des del final d'aquesta zona occidental fins al mar, es fa pales tant a la simulació, com a les dades de camp. En referència a la capa 2, donat que aquesta presenta unes característiques litològiques i una distribució de les zones gairebé iguals a les de la capa 1, es reflecteix de forma pràcticament igual el mapa piezomètric discutit a la capa 1.

- Al comparar les dades obtingudes a la simulació per al mes d'agost (el qual correspon al període final de bombament dels pous a la zona d'estudi), amb les dades referents a l'agost de l'any 1994, hom observa com ambdues presenten una distribució piezomètrica amb un patró semblant; cosa que corrobora un correcte funcionament de la simulació. En primer lloc, la simulació mostra com els nivells piezomètrics mínims situats a prop de la desembocadura del riu, i seguint el curs fluvial cap a l'interior; s'han representat correctament, reproduint la presència de zones amb cota piezomètrica inferior al nivell del mar. No obstant, el descens de nivells simulats ha estat de menor magnitud en comparació amb el de l'any 1994. En segon lloc, els nivells piezomètrics elevats, corresponents a la zona de la població de l'Armentera, han estat simulats de forma correcta, però com en el cas anterior, en unes cotes de menor magnitud. Finalment els nivells registrats a l'agost de l'any 1994 a la zona nord, s'han reproduït correctament, però també d'una forma notablement menor. Per a la capa 2, donat que, com ja s'ha comentat presenta unes característiques litològiques i una distribució de les zones gairebé iguals a les de la capa 1, es reflecteix de forma pràcticament igual el mapa piezomètric discutit a la capa 1.

En general, aquestes simulacions indiquen que la distribució de nivell piezomètric a la zona d'estudi, tant per al mes d'agost com per al desembre, s'ha simulat de manera que presenta un comportament correcte al llarg de l'any. Per contra, aquesta simulació ha donat uns valors de nivell piezomètric menors als observats per Mas-Pla els anys 1993 i 1994. Aquesta desviació s'atribueix principalment a la dificultat per assignar de manera fidedigna les extraccions procedents de l'ús agrícola, tant en quantitat com en distribució regional; i també als possibles canvis en el regim i distribució del bombament al llarg dels anys.

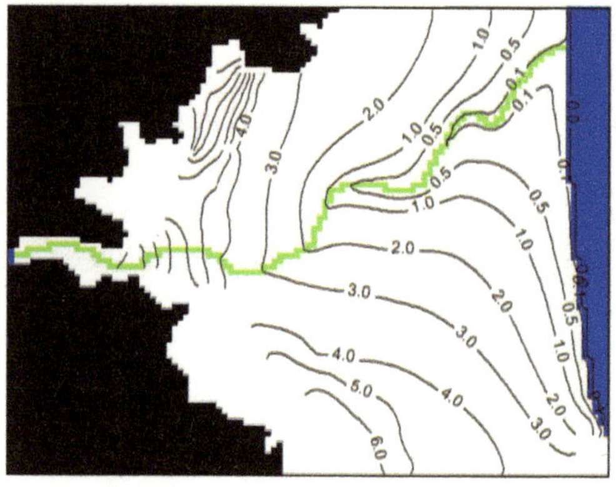

Figura 19.1.- Piezometria de la zona d'estudi corresponent al mes de desembre. Capa 1.

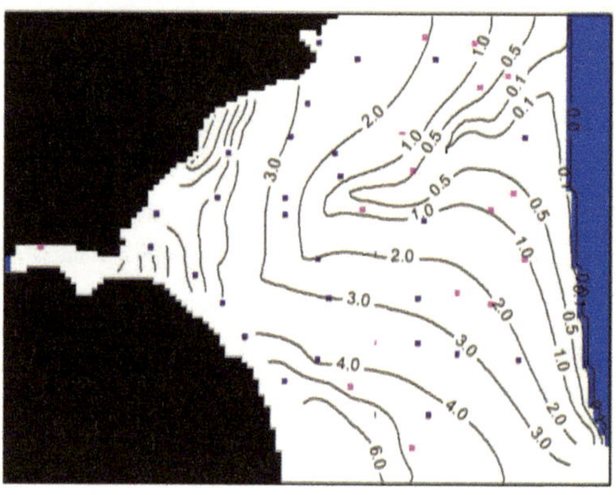

Figura 19.2.- Piezometria de la zona d'estudi corresponent al mes de desembre. Capa 2.

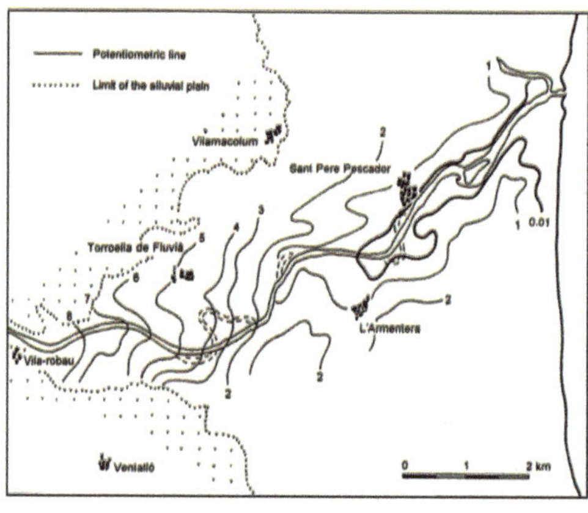

Figura 19.3.- Piezometria de la zona d'estudi corresponent al mes de desembre de l'any 1993.

Font: Mas-Pla et al., 1999a.

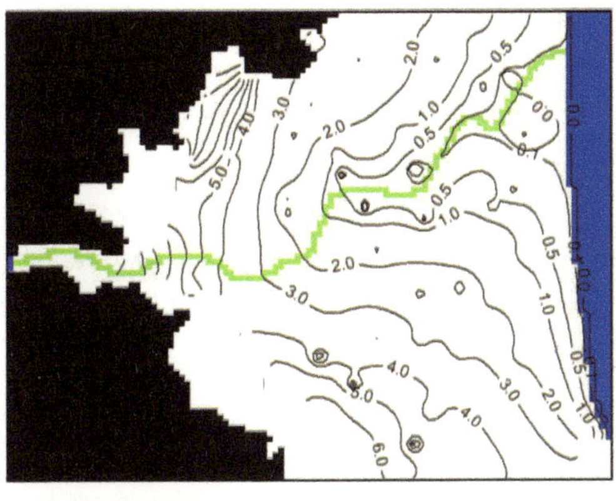

Figura 20.1.- Piezometria de la zona d'estudi corresponent al mes d'agost. Capa 1.

Figura 20.2.- Piezometria de la zona d'estudi corresponent al mes d'agost. Capa 2.

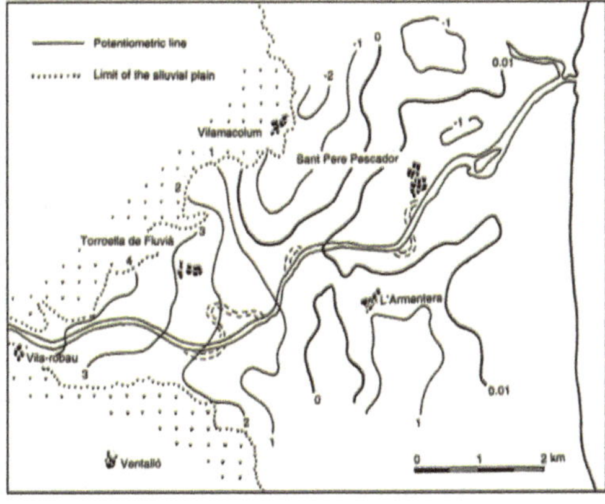

Figura 20.3.- Piezometria de la zona d'estudi corresponent al mes d'agost de l'any 1994. *Font: Mas-Pla et al., 1999a.*

4.3. Simulació temporal del nivell hidràulic

El registre mensual de nivell hidràulic als piezòmetres gestionats per l'ACA ha permès, contrastar els resultats de la simulació en estat transitori amb dades de camp. La figura 21 mostra les dades de camp referents als valors de nivell observats i simulats amb periodicitat mensual, corresponents als piezòmetres P-4 i S-4. Aquests es situen a prop de la costa (P-4) i a les zones amb major afecció per bombament d'aigua (S-4) (Figura 16), motiu pel qual s'han considerat útils per al procés de calibratge del model numèric.

Ambdós piezòmetres mostren evidents diferències entre els valors simulats i les dades observades (0,5 m per al piezòmetre P-4 i 0,7 m per al S-4). La discrepància entre aquests valors s'atribueixen tant a les condicions inicials del sistema, com als mètodes de càlcul utilitzats per obtenir els valors corresponents a la recàrrega i a les extraccions.

Com ja s'ha esmentat, la valoració d'aquests dos termes és complexa i, en el cas d'aquest model, seria necessari un procés de calibratge més afinat. No obstant, la coherència entre els resultats simulats i els observats és prou satisfactòria, ja que, per una banda el model permet representar adequadament la ciclicitat entre els períodes de recàrrega i descàrrega, i per altre banda els valors mínims de cada període estival han estat correctament reproduïts. Tot i això, els períodes principals de recàrrega (octubre i desembre) presenten un cert error, atès que en tota la simulació s'ha considerat la recàrrega mitjana mensual, de manera que no s'ha tingut en compte els valors reals de cada mes. Tant mateix, s'ha avaluat la recàrrega mitjana mensual com la diferència entre la precipitació real i l'evapotranspiració potencial, és a dir, entrant valors de recàrrega mitjana neta. Això posa en evidència que l'ús de la evapotranspiració potencial no és adequat en aquest mòdul numèric de flux.

Aquests fets es consideren com els principals responsables de que la simulació al piezòmetre P-4 per als mesos d'hivern (concretament octubre i desembre), sigui inferior a l'observada; i que per al piezòmetre S-4, la simulació no sigui suficientment acceptable.

Hom entén doncs, que aquesta aproximació als valors de la recàrrega no ha estat adequada, i que en futurs treballs caldria entrar directament la dada de precipitació real, i posteriorment corregir la pèrdua d'evapotranspiració real emprant el mòdul corresponent del programari Modflow. Tot i això, les dades obtingudes en la simulació de la zona d'estudi indiquen que durant l'estiu es produeix un descens generalitzat del nivell freàtic, d'ordre mètric respecte als màxims hivernals, associat principalment a l'afectació dels pous agrícoles; i que durant la tardor i la primavera es produeix una recàrrega de l'aqüífer, per l'efecte de les precipitacions.

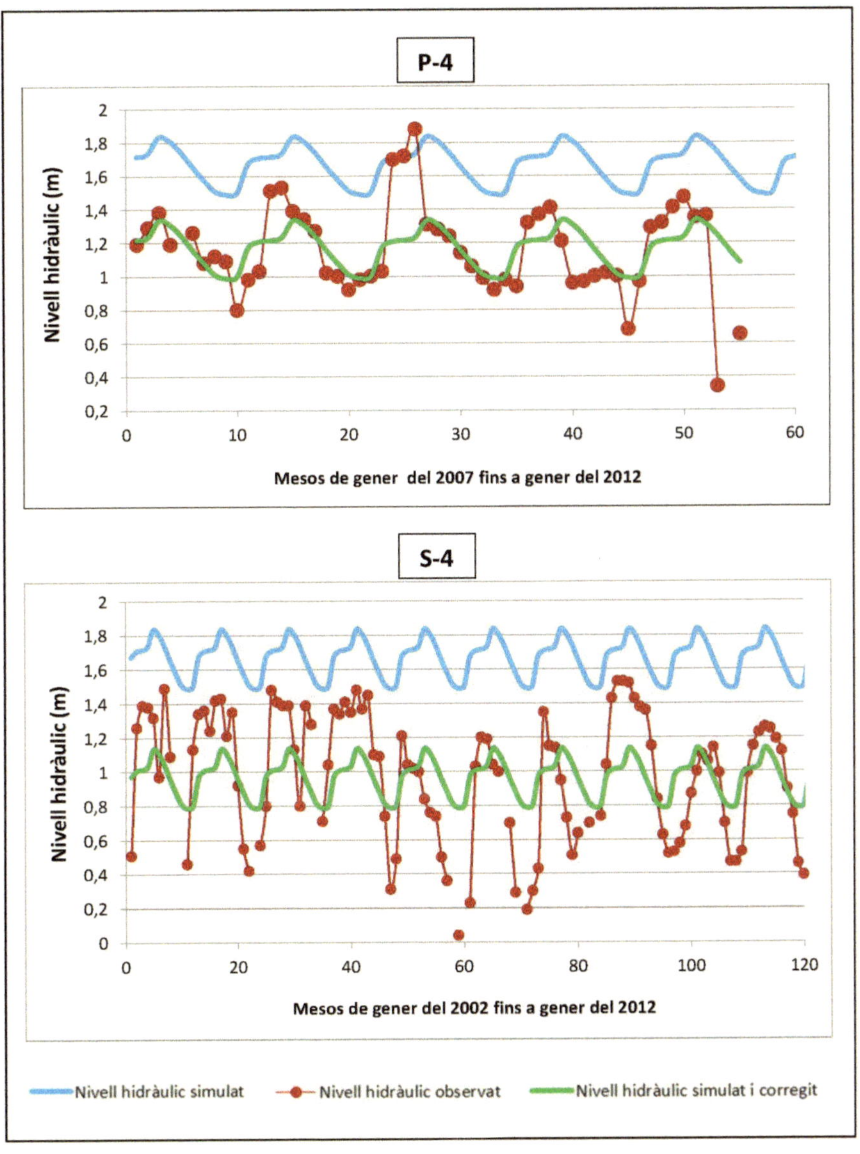

Figura 21.- Evolució temporal, observada i simulada, corresponent als piezòmetres de l'ACA S-4 i P-4.

4.4. Anàlisi del balanç de massa

El balanç de massa de l'aqüífer al·luvial superior del Baix Fluvià obtingut pel model numèric, aporta informació de l'origen del conjunt de recursos hídrics que entren al sistema (*inflow*) o en surten (*outflow*).

Les figures 22 i 23 mostren aquest balanç de massa per cada increment de temps per als 10 anys de simulació, amb les diferents variables que intervenen al balanç hídric, així com el total d'aquestes.

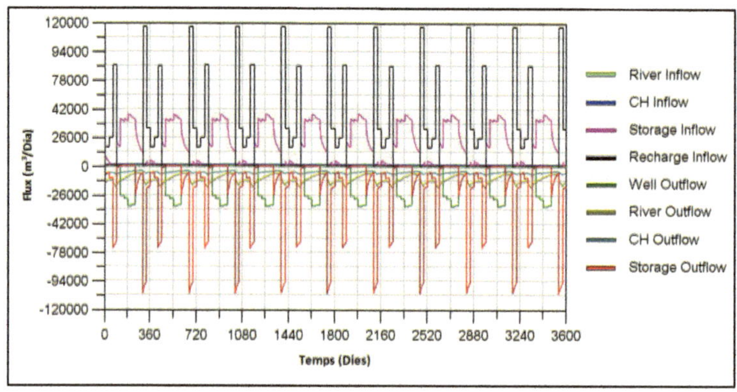

Figura 22.- Magnitud dels diferents components del balanç de massa.

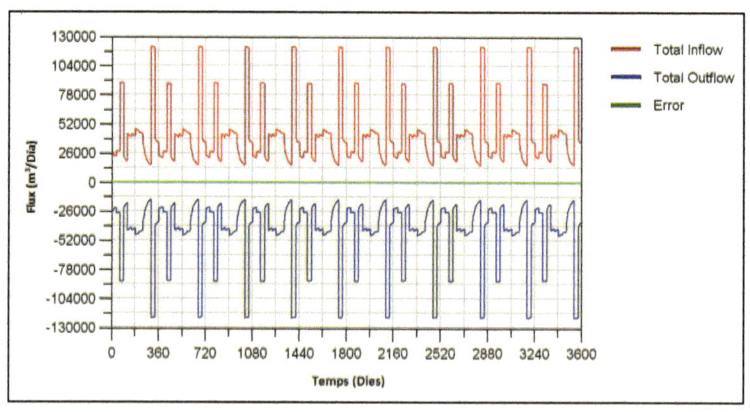

Figura 23.- Magnitud total de les entrades i sortides del sistema.

La figura 24 mostra el balanç de massa únicament per al període d'un any, atès que les dades mensuals tant de recàrrega com de bombament són valors mitjans. Concretament, presenta la distribució percentual obtinguda a la simulació, per als diversos components del cicle hidrològic; és a dir, presenta el valor percentual de les entrades i sortides al sistema a través del riu, les condicions de contorn, l'emmagatzematge, els pous i la recàrrega. També mostra el flux total indicat per les entrades (*inflow*), el qual és igual al de les sortides (*outflow*), atesos que l'error numèric és menor al 0,5 %.

Aquesta distribució mostra com en referència a les entrades, per als mesos de desembre, novembre, març, febrer i gener (tardor i hivern), el component que més afecta al sistema és la recàrrega; arribant aquesta a representar entre un 75 i 96 % del total de les entrades. Mentre que, per aquests mateixos mesos, les entrades provinents dels factors: condició de nivell constant, riu i canvi d'emmagatzematge, són poc importants en el balanç total, representant un màxim del 23 % al gener i un mínim del 3% al març. Pel que fa a les sortides per aquests mateixos mesos, la component que mostra una major influència, és el canvi d'emmagatzematge per als mesos de desembre, novembre i març (entre el 48 i el 82%), i el riu per al febrer i gener (entre el 47 i el 53%). La component condicions de contorn presenta una menor influència per a tots els mesos, amb valors d'entre 4 i 15%.

Per als mesos compresos des d'octubre fins a abril, en referència a les entrades, el component que presenta major influència és el canvi d'emmagatzematge, amb uns valors compresos entre el 81 i el 96%; mentre que els altres components influeixen poc. En aquest cas, el canvi d'emmagatzematge representa l'aigua que cedeix l'aqüífer per a equilibrar les sortides, especialment les causades pel bombament. Respecte a les sortides, per als mesos d'octubre, setembre i abril, els components més influents són el riu i el canvi d'emmagatzematge. Per altra banda, per als mesos d'agost a maig, el component que té més influència sobre les sortides és el pou, amb valors d'entre el 62 i 76%.

Les sortides per canvi d'emmagatzematge representen el volum d'aigua que un cop entrat al sistema des d'altres components del balanç hídric, queda emmagatzemada en forma d'ascens del nivell freàtic. Les entrades per canvi d'emmagatzematge representen el volum d'aigua que surt del sistema des d'altres components del balanç hídric.

L'interès que aporten aquests resultats recau en la seva utilitat a l'hora de determinar el rol i la magnitud dels diferents components presentats a la simulació, dins del cicle hidrològic.

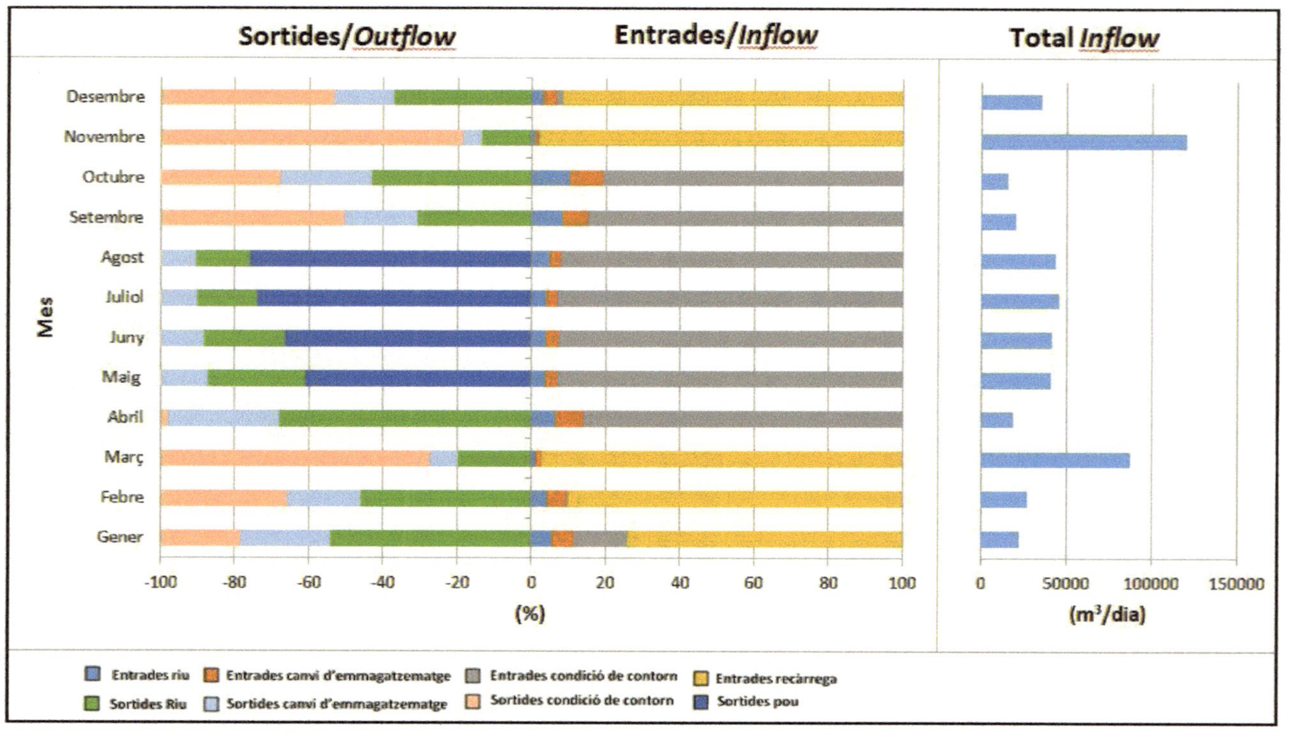

Figura 24.- Percentatges dels diferents components del balanç de massa per cada període al conjunt del model. El total de les entrades (*inflow*), és igual al total de les sortides (*outflow*).

4.5. Dinàmica riu-aqüífer

La representació gràfica de l'evolució de la relació riu-aqüífer a l'hivern, al llarg del recorregut del riu (Figura 25), mostra com la relació entre aquests dos components presenta un caràcter que va variant entre influent i efluent a la zona més occidental de l'àrea d'estudi, concretament en els primers 480 nodes de les cel·les corresponents a la condició de contorn riu. A partir d'aquest node, la relació riu-aqüífer es torna efluent fins arribar al mar; és a dir, entre els nodes 408 i 1600 que resten amb condició de contorn riu, aquest rep aigua de l'aqüífer a raó de 75 m^3/d de mitjana per a cada node.

La representació gràfica de l'evolució de la relació riu-aqüífer a l'estiu, al llarg del recorregut del riu (Figura 26), mostra com la relació riu-aqüífer presenta un caràcter que va variant entre influent i efluent, però en aquest cas, aquest comportament es dóna al llarg de tots els nodes de l'àrea d'estudi. Això respon al fet que a l'estiu degut a l'efecte, especialment, del bombeig del pous per regadiu i d'una menor recàrrega, el riu dóna més aigua a l'aqüífer, sobretot a la part propera al mar.

La gràfica sobre l'evolució de la relació riu-aqüífer expressada en volum de flux de bescanvi acumulat al llarg de la llera del riu (Figura 27), mostra com, en concordança amb els comentaris referents a la figura 25, el riu al llarg del seu recorregut, de forma general, gairebé sempre rep aigua de l'aqüífer; per tant, presenta un caràcter efluent. A més, també mostra com a mesura que el riu es va apropant al mar, el seu caràcter efluent, de forma general, va augmentant la seva magnitud; és a dir, rep un major flux d'aigua de l'aqüífer.

La gràfica sobre l'evolució de la relació riu-aqüífer expressada en volum de flux de bescanvi acumulat al llarg de la llera del riu (Figura 28), mostra com, en concordança amb els comentaris referents a la figura 26, el riu al llarg del seu recorregut, va canviant la seva relació amb l'aqüífer de forma intermitent, influent a efluent. Observis que a l'estiu el flux negatiu, és a dir, de caràcter influent és inferior atès que les extraccions per a reg impliquen un descens del nivell freàtic a l'aqüífer al·luvial i, amb ells, capturen part del flux que en condicions no influenciades (és a dir, sense bombaments) retorna al riu.

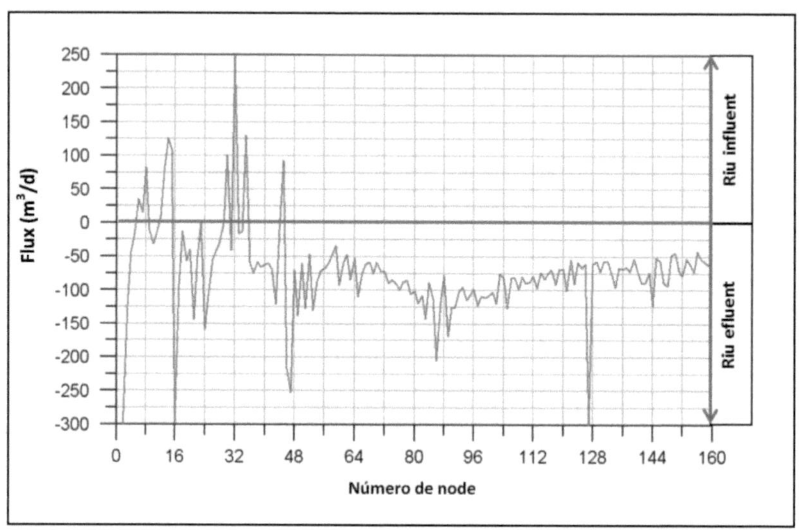

Figura 25.-Evolució de la relació riu-aqüífer a l'hivern, expressada en volum de flux de bescanvi al llarg de la llera del riu; des de l'entrada a la plana (Node 1), fins a la línia de costa (Node 160).

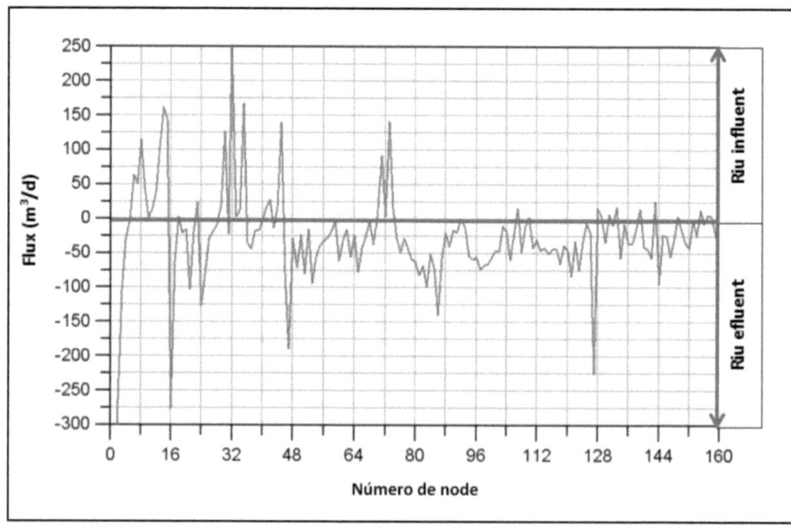

Figura 26.-Evolució de la relació riu-aqüífer a l'estiu, expressada en volum de flux de bescanvi al llarg de la llera del riu; des de l'entrada a la plana (Node 1), fins a la línia de costa (Node 160).

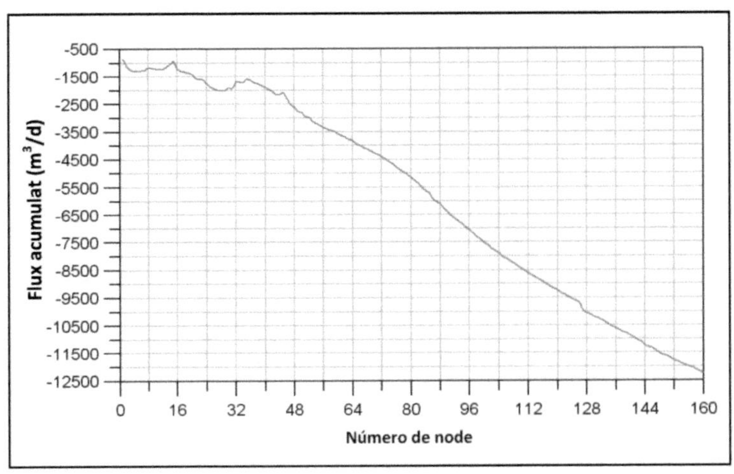

Figura 27.- Evolució de la relació riu-aqüífer a l'hivern, expressada en volum de flux de bescanvi acumulat al llarg de la llera del riu; des de l'entrada a la plana (Node 1), fins a la línia de costa (Node 160).

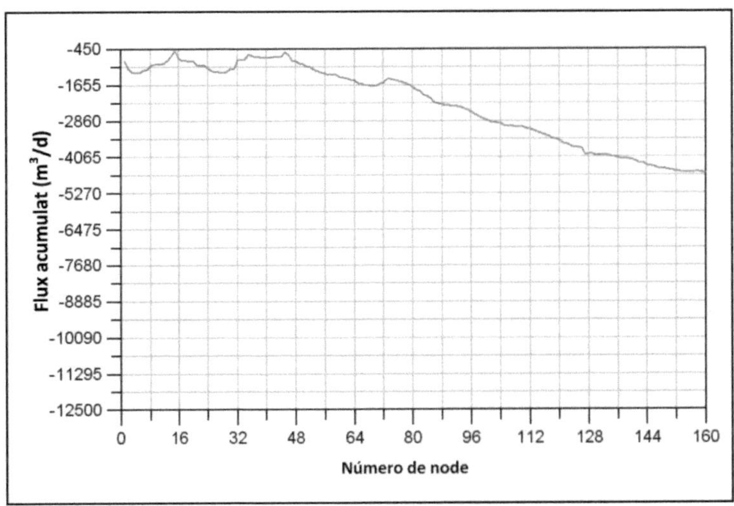

Figura 28.- Evolució de la relació riu-aqüífer a l'estiu, expressada en volum de flux de bescanvi acumulat al llarg de la llera del riu; des de l'entrada a la plana (Node 1), fins a la línia de costa (Node 160).

5. CONCLUSIONS

Al aqüífer al·luvial superior del Baix Fluvià, s'ha identificat un conflicte de sobreexplotació, com a conseqüència de la explotació dels seus recursos hídrics per satisfer la demanda dels usos agrícoles i urbans; i per la important pèrdua de qualitat de les seves aigües, relacionada amb l'aplicació de productes fitosanitaris i fertilitzants d'origen ramaders (Mas-Pla et al, 2016). Per mirà de trobar la solució més adequada a aquests problemes, hom ha desenvolupat un model numèric de flux subterrani, el qual ha permès avaluar les característiques hidrològiques de la zona d'estudi i quantificar la contribució dels diferents components del cicle hidrològic en el balanç de massa d'aquesta formació.

En síntesi, aquest estudi permet aportar les següents conclusions:

5.1. Conclusions respecte el model conceptual

- La caracterització hidrològica ha permès establir les dimensions, geometria i altres característiques i paràmetres d'interès que presenta l'aqüífer al·luvial del Baix Fluvià.
- Les dades piezomètriques han mostrat un flux d'aigua subterrània en el sentit de l'escorriment superficial de la conca, i també la dinàmica influent o efluent del riu, en els seus diferents trams. Aquestes dades també mostren els descensos del nivell piezomètric més rellevants que tenen lloc durant l'estiu, i els ascensos més rellevants que tenen lloc durant la primavera i la tardor, i com aquests es relacionen amb el balanç entre les extraccions i la recàrrega.
- Si bé, mitjançant sistemes d'informació geogràfica, s'ha calculat l'àrea dels diversos usos del sòl, el càlcul de les extraccions d'aigua del subsòl a partir de la dotació de reg, només aporta una aproximació al volum real d'aquesta extracció.

5.2. Conclusions respecte el model numèric

- La determinació i calibratge dels paràmetres hidràulics i els de les condicions de contorn han permès reproduir els nivells hidràulics de forma aproximada. Tant la distribució en planta del nivell hidràulic, com la seva evolució temporal, no han estat representats d'una forma prou satisfactòria, i indiquen que el model, en el seu estat actual, requereix un major esforç de calibració. Concretament, es considera que cal introduir els valors de la precipitació mensual registrada, en comptes dels valors d'evapotranspiració real. Tant mateix, també és necessari realitzar una calibració de les extraccions del reg, de forma individual per a cada zona de conreu. Amb tot, el model permet considerar representatius els fluxos i la magnitud dels diferents components del cicle hidrològic que constitueixen el balanç de massa calculat a la simulació.
- El balanç de massa dels diferents components que formen el model per cada període ha demostrat la importància de la precipitació, com a principal font de recàrrega, davant de l'explotació del recurs subterrani mitjançant els pous, com a principal font de descàrrega.
- En aquest model el comportament del riu Fluvià durant l'hivern ha presentat un caràcter majoritàriament efluent, mentre que durant l'estiu el comportament ha variat de forma intermitent entre efluent i influent. No obstant, aquest comportament simulat pot modificar-se durant la necessària calibració del model.

5.3. Conclusions en relació a l'explotació del recurs hídric

- Tenint en compte la importància de preservar el nivell piezomètric a la zona estudiada, i alhora garantir el subministrament d'aigua, el model, així com les dades de camp, mostren una correcta recuperació dels nivells piezomètrics durant l'hivern. Mantenir aquesta dinàmica es necessari per evitar l'increment dels actuals problemes d'intrusió salina, que es donen al curs baix del riu.

5.4. Tasques futures per a la millora del model de flux subterrani al Baix Fluvià

- En referència al model conceptual hom proposa millorar l'inventari de pous d'extracció d'aigua subterrània per ús agrícola de la zona, tant pel que fa a la seva localització, com al volum d'aigua extreta per cada un.
- En referència al model numèric es proposa canviar les dades entrades, referents tant a la recàrrega com a l'extracció, per tal de realitzar un procés de calibratge del model més correcte, que permeti representar els nivells piezomètrics simulats d'una manera més concordant amb els observats.
- Un altre paràmetre que pot millorar els resultats de les simulacions és l'establiment de la piezometria inicial. No obstant, aquesta calibració és possiblement menys transcendent que les anteriors i pot ésser, fins i tot, innecessària.

6. BIBLIOGRAFIA

ACA (2015). "Consulta de dades". Agència Catalana de l'Aigua. Generalitat de Catalunya. Data de consulta: 4 de febrer 2016.

ACA (2016)."Dades de consum i facturació d'aigua". Agencia Catalana de l'Aigua, Generalitat de Catalunya. Data de consulta: 5 de juny 2016.

ACA (2004). "Massa d'aigua subterrània de Catalunya, Fluviodeltaic del Fluvià-Muga, 32". Agència Catalana de l'Aigua, Generalitat de Catalunya: 20 p.

Anderson, M.P; Woessner, W.W. (1992). Applied Groudwater modeling. Simulation of Flow and Advective Transport. Academic Press, San Diego. 1-11 p.

Boy-Roura, M; Nolan, TB; Menció, A; Mas-Pla, J. (2013). "Regression model for aquifer vulnerability assessment of nitrate pollution in the Osona region (NE Spain)". Journal of Hydrology. 505: 150–162 p.

Camps, F; Bonany, J; Jabardo, M. (2016). "Pla d'acció per a la millora de l'eficiència del reg al Baix Ter". Recerca i tecnologia agroalimentàries, IRTA.

CREAF (2011). "MCSC" (Mapa de Cobertes del Sòl de Catalunya) E: 1:5,000; 3a Edició 2005-2007. Centre de Recerca Ecològica i aplicacions Forestals, Barcelona.

Custodio, E. (2002). "Aquifer overexploitation: what does it mean?". Hydrogeology Journal 10(2): 254–277 p.

Faust, C; Mercer, J. (1979). "Geothermal reservoir simulation 1. Mathematical models for liquid and vapor dominated hydrothermal systems". 15: 23–30 p.

Harbaugh, A.W; McDonald, M.G. (1996). "Programmer's documentation for MODFLOW-96, an update to the U.S. Geological Survey modular finite-difference ground-water flow model". U.S. Geological Survey Open-File Report 96-486, 220 p.

Harbaugh, A.W. (2005). "MODFLOW-2005, the U.S. Geological Survey modular ground-water model". The Ground-Water Flow Process. U.S. Geological Survey Techniques and Methods 6-A16.

IDESCAT (2016). "El municipi amb xifres". Institut d'Estadística de Catalunya, Generalitat de Catalunya. (<http://www.idescat.cat/emex/>). Data de consulta: 5 de juny 2016.

ICC (1995). "Mapa geològic de Catalunya 1:25 000 L'Escala 296-2-1". Institut Cartogràfic de Catalunya, Servei Geològic de Catalunya, Barcelona.

ICC (1996). "Mapa geològic de Catalunya 1:25 000 Sant Pere Pescador 258-2-2". Institut Cartogràfic de Catalunya, Servei Geològic de Catalunya, Barcelona.

ICGC, ACA (2014). "Mapa geològic de Catalunya 1:25 000. Geotreball V. Mapa hidrogeològic, Sant Pere Pescador 258-2-2 (78-22)". Institut Cartogràfic i Geològic de Catalunya, Agència Catalana de l'aigua, Barcelona.

Mas-Pla, J; Montaner, J; Solà, J. (1999a). "Groundwater resources and quality variations caused by gravel mining in coastal streams". Journal of Hydrology. 216: 197–213 p.

Mas-Pla, J; J. Bach, E; Viñals, J; Trilla, J; Estalrich. (1999b). "Salinization processes in a coastal leaky aquifer (Alt Empordà, NE Spain)". Physics and Chemistry of the Earth, Part B: Hydrology, Oceans & Atmosphere, 24(4): 337-341 p.

Mas-Pla, J; Boy-Roura, M; Petrovic, M; Villagrasa, M; Lekunberri I Borrego, C; Menció, A; Brusi, D; Marcè, R. (2016, in press). "Occurrence et devenir des polluants émergents (antibiotiques) dans un aquifère alluvial et leur influence sur les bactéries multi-résistantes (Bas-Fluvià, Catalogne)". La Huille Blanche - Revue internationale de l'eau.

Mc Donald, M.G; Harbaugh, A.W. (1988). "A modular three-dimensional finite-difference ground-water flow model". Techniques of Water Resources Investigations of the U.S.Geological Survey. 6: A1.

Mercer, J.W; Faust, C.R., (1980). "Ground-water modeling: Mathematical Models". National Water Well Association, Ground Water. 18 (2): 212-227p.

Montaner, J; Sola`, J; Mas-Pla, J; Pallı´, L. (1995). "Aportació al coneixement de l'evolució geològica recent de la plana del Ter". Publicació al Institut Estadístic del Baix Empordà, 14: 43–53 p.

PNUMA (2010). "Avances y progresos científicos en nuestro cambiante Medio Ambiente". Anuario del Programa de las Naciones Unidas para el Medio Ambiente. Kenia.

Picart, J; Solà, J; Montaner, J; Mató, E; Llenas, M; Losantos, M; Berásategui, X; Agustí, J. (1996). "La sedimentación neógena en los márgenes de la cuenca del Empordà". Geogaceta, 20 (1): 4 p.

Sánchez, F. J. (2011). "Medidas puntuales de permeabilidad". Hidrología-Hidrogeología Universidad de Salamanca, 13 p.

Saula, E; Picart, J; Mató, E; Llenas, M; Lozanitos, M; Berástegui, X; Agustí, J. (1996). "Evolución geodinámica de la fosa del Empordà y las Sierras Transversales". Acta Geológica Hispánica, 29(2-4): 55-75 p.

Schlumberger Water Services. (2008). "Schlumberger Water Services – Groundwater Software". Data de consulta: 24 de juny 2016.

Schlumberger Water Services (2000). Visual MODFLOW Professional. Dynamic Groundwater Flow and Contaminant Transport Modeling Software. User's Manual v4.3. Ontario, Canadà.

SMC (2016). "CLIMATOLOGIA. L'ALT EMPORDÀ. 1961-1999". Servei Meteorològic de Catalunya, Generalitat de Catalunya. (<http://static-m.meteo.cat/wordpressweb/wp-content/uploads/2014/11/13083422/AltEmporda.pdf>). Data de consulta: 16 de juny 2016.

Soler, D; Zamorano, M; Roqué, C; Menció, A; Boy, M; Bach, J; Brusi, D; Mas-Pla, J. (2014). "Evaluación de la influencia de las estructures tectónicas en la recarga del sistema hidrogeológico de la depresión del Empordà (NE España)". II Congreso Ibérico de las Aguas Subterráneas, CIAS2014.

Thornthwaite, C.W. (1948). "An approach toward a rational classification of climate". Georg. Rev., 38: 55-94 p.

USGS (1997). Modeling Ground-Water Flow with MODFLOW and Related Programs. (<http://pubs.usgs.gov/fs/FS-121-97/>). Data de consulta: 15 de Juny 2016.

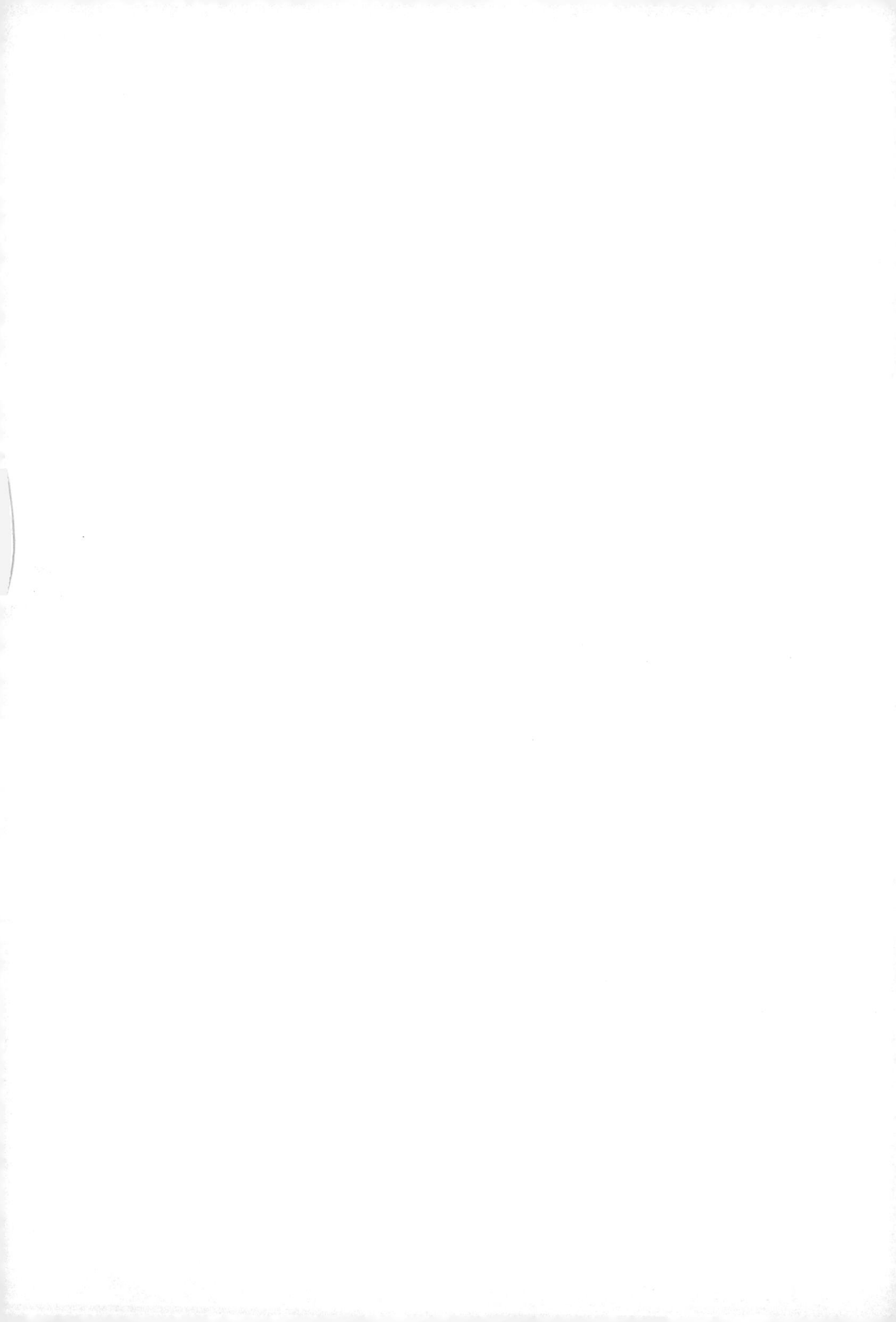